# La
# Trinità dei
# Numeri

FRANCESCO BALDI

# DEDICA

A tutti coloro che si avventureranno tra queste pagine, estendo il mio più sincero augurio per un viaggio straordinario nel mondo affascinante dei numeri e della loro intrinseca essenza. Con la speranza che questo libro possa illuminare il cammino verso una comprensione più profonda della trinità dei numeri.

# CONTENUTI

# Introduzione

Da sempre i numeri hanno esercitato un'affascinante presenza nella nostra vita. Sono simboli che ci circondano costantemente, ma è possibile che nascondano un significato più profondo? Questo è il mistero che ho iniziato a esplorare sin da quando ero bambino.

La mia passione per i numeri è cresciuta insieme a me, e ho iniziato a vedere che questi simboli rappresentano molto di più di cifre astratte. Sono il linguaggio segreto dell'universo, e ho scoperto questa verità mentre esploravo il mondo della numerologia. Un giorno, leggendo un libro sulla numerologia, ho fatto una scoperta straordinaria: la teoria di Nikola Tesla. Questo genio del passato sosteneva che i numeri 3, 6 e 9 fossero le chiavi per comprendere i segreti dell'universo e della natura stessa.

La sua visione mi ha stregato, e ho iniziato un viaggio per svelare il significato della trinità dei numeri. Questo percorso mi ha portato a vedere la loro presenza ovunque, nella natura, nell'arte, nella musica e persino nella scienza.

I numeri sono diventati il mio mezzo per comunicare con l'universo. Ho sperimentato con schemi e strutture numeriche, e ho iniziato a vedere risultati sorprendenti. La mia vita è diventata più armoniosa e bilanciata, e ho sentito di essere in sintonia con l'energia dell'universo.

In questo libro, condivido con te la mia teoria sulla trinità dei numeri. Racconto le mie ispirazioni, intuizioni e esperimenti, e ti mostro i significati profondi di questa teoria. Ma questo libro è anche un invito. Ti invita a iniziare la tua avventura alla scoperta della trinità dei numeri.

Attraverso queste pagine, ti guiderò nel mondo affascinante e misterioso dei numeri e della loro presenza nella vita, nell'arte, nella scienza e nella tua stessa esistenza. La numerologia, intesa come studio del significato dei numeri nella vita e nella natura, è una disciplina che ha affascinato alcune delle menti più brillanti della storia, tra cui Nikola Tesla.

In "La Trinità dei Numeri", esploreremo insieme questo mondo intrigante e misterioso, cercando di svelare i segreti nascosti dietro i numeri 3, 6 e 9. Ma non ci fermeremo qui. Attraverso esempi concreti e astratti, esploreremo la presenza dei numeri primi, la sequenza di Fibonacci, la geometria sacra, la musica e le frequenze, il numero $\pi$ (pi greco), la teoria del caos e la loro connessione con la spiritualità e la meditazione.

Tuttavia, questo libro va oltre l'analisi scientifica. È un invito a scoprire l'armonia e la bellezza che si nascondono dietro la realtà che ci circonda. È un viaggio mistico alla ricerca della comprensione più profonda della vita e della natura attraverso i numeri.

Spero che tu possa cogliere questo invito e iniziare il tuo percorso alla scoperta della trinità dei numeri. Potresti essere sorpreso da cosa scoprirai.

# Capitolo 1: Tesla e la Numerologia - Svelando i Misteri dei Numeri

Nikola Tesla, uno dei più grandi inventori e scienziati della storia moderna, è spesso un nome che evoca meraviglia e mistero. Ma chi era veramente Tesla, e quale legame aveva con la numerologia?

La storia di Tesla inizia in una modesta famiglia serba nel 1856. Fin da giovane, dimostrò un'eccezionale inclinazione per la scienza e l'ingegneria, una predisposizione che lo avrebbe condotto a rivoluzionare il mondo della tecnologia. Ma dietro il volto noto dell'inventore c'è una storia meno conosciuta: quella della sua profonda convinzione nella potenza dei numeri.

Dopo aver studiato in Germania e in Francia, Tesla emigrò negli Stati Uniti d'America, dove iniziò a lavorare per la compagnia telegrafica Western Union. Nel 1887, fondò la Tesla Electric Company e divenne un pioniere nella ricerca e nello sviluppo di nuove tecnologie nell'ambito dell'elettricità.

La sua genialità si manifestò in modo straordinario attraverso l'introduzione del sistema a corrente alternata, una vera rivoluzione nella produzione e nella distribuzione dell'energia elettrica. Ma la mente di Tesla andava ben oltre le invenzioni tangibili. Era affascinato dalla numerologia e dalla geometria sacra, e credeva che i numeri fossero la chiave per svelare l'armonia universale e comprendere i fenomeni naturali.

Per Tesla, i numeri 3, 6 e 9 erano particolarmente significativi e misteriosi. Li vedeva come fondamentali per la comprensione del mondo che ci circonda, una sorta di linguaggio segreto dell'universo. Questa convinzione lo spinse a sviluppare teorie innovative sull'elettromagnetismo basate sulla numerologia.

La vita di Tesla non fu priva di sfide. Nonostante le sue intuizioni rivoluzionarie, dovette affrontare la difficoltà di ottenere finanziamenti per i suoi progetti. La sua personalità complessa e la sua distanza dai circoli accademici tradizionali lo resero spesso un individuo misconosciuto e isolato.

Tuttavia, a distanza di decenni dalla sua morte, l'eredità di Tesla è più viva che mai. Le sue intuizioni e le sue invenzioni continuano ad ispirare scienziati e tecnologi in tutto il mondo, e la sua figura rappresenta un'ispirazione per chiunque creda nella potenza della ricerca e dell'innovazione.

In questo libro, esploreremo la vita straordinaria di Tesla e il suo profondo legame con la numerologia. Scopriremo come la sua convinzione nella trinità dei numeri - 3, 6 e 9 - lo abbia spinto a svelare i segreti dell'universo. E mentre avanzeremo in questo testo, approfondiremo ulteriormente la sua eredità e come le sue teorie abbiano influenzato la scienza, la tecnologia e la nostra comprensione del mondo che ci circonda. Tesla ci invita a riflettere sulle leggi profonde che governano la natura e ad abbracciare una visione più ampia della realtà.

La sua numerologia non è solo una teoria interessante, ma anche un'occasione per esplorare le profondità dell'universo e la bellezza nascosta che ci circonda. Mentre immergiamoci ulteriormente nel mondo affascinante di Nikola Tesla e della sua connessione con la numerologia, scopriamo come le sue teorie abbiano reso il mondo un luogo più avanzato e misterioso allo stesso tempo.

Tesla, oltre a essere uno dei più grandi inventori della storia, era anche un uomo di profonda spiritualità e una mente visionaria. Le sue intuizioni numerologiche lo portarono a credere che i numeri fossero in grado di svelare segreti universali e aprirci a una comprensione più profonda del nostro posto nell'universo.

L' idea di un'armonia universale, basata sui numeri 3, 6 e 9, ci sfida a considerare l'importanza dei numeri in tutto ciò che ci circonda. Tesla vedeva il mondo come un luogo in cui le frequenze e le vibrazioni numeriche svolgessero un ruolo cruciale, e che questi numeri rappresentassero una sorta di linguaggio segreto dell'universo.

Nonostante le difficoltà che Tesla affrontò nella sua vita, il suo lavoro è diventato una pietra miliare nella storia della scienza e della tecnologia. Il generatore a corrente alternata, la bobina di Tesla e la sua ricerca sulla trasmissione wireless dell'energia hanno rivoluzionato il modo in cui l'energia elettrica viene prodotta, distribuita e utilizzata. Questi contributi hanno aperto la strada alla tecnologia wireless moderna, inclusi Wi-Fi e Bluetooth.

Ma Tesla non si limitò a sviluppare tecnologie rivoluzionarie; cercò anche di condividere la sua conoscenza con il mondo. Credeva che la numerologia e l'armonia universale fossero chiavi per una comprensione più profonda della vita umana e della spiritualità. Tesla sottolineò che questa saggezza antica era stata persa nel corso dei secoli, e si impegnò a farla rivivere.

Il suo pensiero ci invita a sfidare il paradigma scientifico tradizionale e ad abbracciare una visione più ampia della realtà. La numerologia di Tesla non è solo una teoria astratta; è un invito a esplorare le profondità dell'universo e a scoprire la bellezza nascosta che permea ogni aspetto della nostra esistenza.

Nel proseguire il nostro viaggio attraverso le pagine di questo libro, esploreremo in dettaglio la numerologia di Tesla e le sue implicazioni nella nostra vita quotidiana. Scopriremo come i numeri siano costantemente presenti nella natura, nell'arte, nella musica e nella scienza. Vedremo come la sua eredità influenzi ancora oggi la nostra comprensione del mondo.

L'armonia universale di Tesla non era una semplice astrazione, ma un concetto che permeava ogni aspetto della sua esistenza e del suo lavoro. Egli vedeva i numeri come gli strumenti con cui l'universo stesso comunicava con noi, un linguaggio segreto che si celava dietro la realtà apparente. Era convinto che comprenderli fosse fondamentale per svelare i misteri dell'esistenza.

Nella sua visione, i numeri 3, 6 e 9 avevano un ruolo centrale. Tesla attribuiva a questi numeri una potenza straordinaria, vedendoli come le chiavi d'accesso all'armonia universale. Ciascuno di questi numeri era intriso di significato profondo. Il numero 3 rappresentava l'equilibrio, l'armonia e l'unità, il numero 6 simboleggiava la bellezza e l'equilibrio tra forze opposte, mentre il numero 9 era il numero dell'eternità e della trascendenza.

La teoria dell'armonia universale di Tesla è una prospettiva affascinante, ma è anche oggetto di dibattito accademico e scientifico. Mentre alcuni la considerano una teoria valida e solida, altri la relegano nell'ambito delle pseudoscienze, sostenendo che manchi di prove scientifiche rigorose per sostenerla.

I sostenitori della teoria di Tesla fanno notare che ci sono alcune evidenze a sostegno delle sue idee. Ad esempio, sottolineano che i numeri 3, 6 e 9 sono presenti in molte sfere della natura e della tecnologia. Si può osservare la ricorrenza di questi numeri in fenomeni naturali come le spirali dei gusci di alcune conchiglie o nei modelli di crescita delle piante. Inoltre, affermano che Tesla stesso ha utilizzato questi numeri nella progettazione delle sue invenzioni, compreso il celebre sistema di corrente alternata.

Tuttavia, gli scettici della teoria di Tesla sostengono che queste coincidenze numeriche potrebbero essere il frutto del caso e che non esistono prove scientifiche sufficienti per stabilire una relazione causale tra i numeri e l'armonia universale.

Indipendentemente dalla validità scientifica della teoria di Tesla, essa rappresenta comunque una prospettiva che può aprire nuove porte alla comprensione del mondo che ci circonda. Essa sfida il paradigma scientifico tradizionale e ci invita a considerare l'importanza dei numeri in ogni aspetto della nostra vita e dell'universo stesso.

Tesla, con la sua visione, ci spinge a esplorare le

profondità dell'universo, a scoprire la bellezza nascosta che permea ogni aspetto della nostra esistenza. Mentre ci addentriamo nel mondo affascinante di Tesla e della sua numerologia, avventuriamoci in terre inesplorate della conoscenza e prepariamoci a svelare i segreti dei numeri e dell'universo che ancora attendono di essere scoperti.

La numerologia di Tesla rappresenta una visione affascinante e innovativa sulla relazione tra numeri, fenomeni naturali e vita umana. Questo capitolo è solo l'inizio del nostro viaggio per svelare i segreti dei numeri e dell'universo. Attraverso la lente della numerologia di Tesla, esploreremo nuove prospettive sulla realtà e ci avventureremo in terre inesplorate della conoscenza.

Preparatevi per un'esperienza illuminante e ispiratrice mentre ci immergiamo sempre più nei misteri dei numeri, del loro significato e  di tutto quello che ancora non sappiamo su di loro.

# Capitolo 2: Alla Scoperta dei Numeri Primi

Nell'universo delle cifre, esiste una classe speciale di numeri che attrae l'attenzione dei matematici, degli scienziati e persino dei visionari come Nikola Tesla. Questi numeri, noti come "numeri primi", sono come gemme nascoste nella sequenza infinita dei numeri interi. Sono indivisibili, tranne che per sé stessi e per l'unità, e rappresentano uno dei misteri più affascinanti dell'universo matematico.

Immaginate di camminare nella foresta delle cifre, dove ogni numero è un albero. La stragrande maggioranza di questi alberi è comune, divisibile per numerosi altri alberi, ma tra di essi, spiccano i numeri primi come antichi guardiani della conoscenza matematica. Il primo di essi è il solitario numero 2, seguito da 3, 5, 7, 11 e così via. Questi numeri, pur essendo elementari, sono le fondamenta su cui poggia gran parte della matematica e della scienza.

L'importanza dei numeri primi si estende ben oltre il

mondo dei numeri stessi. Essi sono gli eroi silenziosi della crittografia moderna, contribuendo a proteggere i segreti digitali e finanziari che governano il nostro mondo interconnesso. Ma il loro fascino non si ferma qui; essi danzano anche attraverso il mistero della teoria dei numeri, sfidando la comprensione umana con la loro distribuzione apparentemente casuale tra gli altri numeri interi.

Uno dei problemi più profondi e irrisolti della matematica moderna è la congettura di Riemann, una sfida lanciata dai numeri primi stessi. Questa congettura riguarda la distribuzione dei numeri primi tra gli interi e ha confuso e affascinato alcune delle menti più brillanti della matematica, tra cui Riemann stesso. La sua soluzione potrebbe rivelare le leggi segrete che governano il comportamento dei numeri primi, gettando luce sulla struttura stessa dei numeri.

Ma i numeri primi non si limitano alla matematica e alla crittografia. Essi emergono anche nella natura, tessendo il loro incantesimo attraverso i pattern che vediamo ogni giorno. Pensate alla successione di Fibonacci, in cui ciascun numero è la somma dei due precedenti, come un gioco in cui i numeri stessi diventano musicisti in una sinfonia armonica. E se si osservano attentamente la disposizione delle foglie su alcune piante, si potrebbero scorgere i numeri primi danzare in una coreografia perfetta.

Per Tesla, questi numeri erano chiavi d'accesso ai segreti dell'universo. Credeva che l'intero universo fosse intriso di leggi matematiche, e che i numeri primi fossero il linguaggio con cui la natura comunicava i suoi misteri. Era un pensiero audace, ma Tesla era un visionario audace, pronto a esplorare le profondità della realtà attraverso la lente dei numeri primi.

In queste pagine, ci immergeremo nell'affascinante mondo dei numeri primi, esplorando la loro importanza nella matematica, nella scienza e nella natura. Scopriremo come questi numeri, al di là della loro apparente semplicità, rappresentino uno dei misteri più profondi e affascinanti della realtà. E come Tesla, continueremo a cercare la chiave per svelare i loro segreti, consapevoli che la loro importanza è tanto vasta quanto misteriosa. Nel prossimo capitolo, esamineremo più da vicino il pensiero di Tesla sulla numerologia e sull'armonia universale.

Nella vastità dell'universo matematico, i numeri primi brillano come stelle sfavillanti, catturando l'attenzione non solo di matematici e scienziati, ma anche di filosofi e visionari attraverso i secoli. Questi numeri sono molto più che astratte entità; sono i mattoni fondamentali della realtà stessa, e la loro importanza è intessuta in profonde connessioni con la filosofia, la scienza e la cultura umana.

Immaginate di viaggiare nel tempo e nello spazio attraverso il tessuto matematico dell'universo. Qui, i numeri primi emergono come archetipi, come forme pure e immutabili, rispecchiando l'antica filosofia platonica. In questo contesto, i numeri primi rappresentano l'essenza stessa della realtà, mentre il mondo fisico è solo una proiezione imperfetta di tali forme ideali. Come Platone vedeva nella geometria un riflesso delle idee divine, così vedeva nei numeri la chiave per comprendere l'essenza delle cose.

Non solo la filosofia platonica, ma anche tradizioni come la Kabbalah e l'astrologia tradizionale attribuiscono una grande importanza ai numeri nella comprensione dell'universo e dell'umanità. Questi numeri diventano i codici segreti per svelare il mistero dell'esistenza, collegando il macrocosmo all'intimo microcosmo dell'essere umano.

E mentre ci spostiamo dalle terre antiche alla frontiera della fisica quantistica, scopriamo che persino la teoria delle stringhe, una delle teorie più audaci ed enigmatiche, si basa sulla matematica dei numeri e delle geometrie astratte. In questo contesto, i numeri non sono solo astrazioni, ma la lingua stessa dell'universo, la partitura di una sinfonia cosmica.

La storia dei numeri è una storia di connessioni profonde tra filosofia, scienza e cultura. Platone, uno dei più grandi filosofi, credeva che i numeri fossero la base stessa dell'universo e delle idee eteree che lo permeavano. La sua visione era audace, ma anticipava la profonda interconnessione tra numeri e realtà che avrebbe ispirato generazioni successive.

La numerologia, una disciplina antica che ha attraversato culture come l'antica Grecia, l'Egitto, la Cina e l'India, ha giocato un ruolo significativo nell'esplorare il potere nascosto dei numeri. L'alchimia occidentale ha fatto spesso ricorso a numeri simbolici e magici, come il misterioso numero 7, che rappresentava l'armonia universale e i segreti dell'evoluzione spirituale.

Nel mondo moderno, la scienza ci ha insegnato che i numeri sono non solo fondamentali ma anche misteriosi. I numeri primi, in particolare, sono stati oggetto di studio da tempo immemore. Sono i mattoni fondamentali della matematica, le pietre angolari su cui poggiano calcolo, crittografia e teoria delle onde.

La teoria dei numeri è un vasto universo in sé, un mondo dove i numeri primi sono le stelle più luminose.

Questi numeri sono le chiavi per comprendere la struttura dell'aritmetica e, per estensione, del mondo che ci circonda. La crittografia moderna, la teoria dei codici e l'analisi delle reti neurali si basano su queste misteriose entità matematiche.

I numeri, quei simboli astratti che permeano la nostra esistenza, sono molto più di semplici strumenti scientifici e tecnologici. Sono le chiavi che ci permettono di aprire le porte per esplorare il significato più profondo della realtà stessa. La loro presenza non si limita ai laboratori scientifici o agli uffici di matematici, ma è intrecciata in modo intricato nella filosofia, nella teologia e persino nella cultura popolare. Sono simboli di significato profondo, ciascuno con il potere di influenzare la nostra vita quotidiana, dal numero 7 associato alla fortuna al numero 13 spesso temuto e considerato sfortunato.

Uno dei numeri più carichi di significato nella cultura occidentale è il numero 7. Questo numero ha una storia ricca di simbolismo che affonda le radici nell'antichità. È stato associato a concetti come la perfezione, la totalità e la divinità. Ad esempio, nella Bibbia, il numero 7 appare ripetutamente e rappresenta la perfezione divina. Il mondo venne creato in sette giorni, ci sono sette giorni nella settimana, sette virtù e sette peccati capitali. Questo numero ha una presenza così marcata che è difficile ignorare il suo significato simbolico.

Allo stesso tempo, il numero 13 è considerato da molte culture come un numero sfortunato. Questa superstizione, conosciuta come triscaidecafobia, ha radici antiche ed è ancora viva oggi. Le origini di questa credenza possono essere variabili, ma una delle spiegazioni più comuni risale all'Ultima Cena di Gesù, in cui c'erano 13 persone presenti prima della crocifissione. Questa connessione tra il numero 13 e un evento così tragico ha contribuito a consolidare la sua reputazione negativa. In molte culture, si evita il numero 13, soprattutto nei numeri civici o nei piani degli edifici, saltando direttamente dal 12 al 14.

Ma queste non sono che alcune delle numerose espressioni dei numeri nella nostra cultura. La fortuna, ad esempio, è spesso associata a numeri specifici in diverse parti del mondo. In Cina, il numero 8 è considerato estremamente fortunato perché la pronuncia della parola "otto" suona simile alla parola cinese per "ricchezza" o "prosperità". Questa associazione rende l'8 uno dei numeri più desiderati nei numeri civici, nelle targhe delle auto e persino nei prezzi dei prodotti.

Ma non è solo nella cultura popolare che i numeri svolgono un ruolo significativo. Nella filosofia e nella teologia, i numeri hanno rappresentato concetti profondi per secoli. Ad esempio, la numerologia, una disciplina che cerca di trovare significati nascosti nei numeri, è stata praticata in molte tradizioni spirituali. Pitagora, il famoso matematico e filosofo greco, credeva che i numeri fossero alla base dell'universo stesso e che potessero essere utilizzati per rivelare la verità e l'armonia nascoste.

Anche nell'ambito della cosmologia e della fisica teorica, i numeri giocano un ruolo cruciale. Le costanti fondamentali dell'universo, come la velocità della luce o la costante di gravitazione universale, sono numeri che definiscono le leggi fondamentali della fisica. Modificare anche solo di poco questi numeri porterebbe a un universo completamente diverso, mettendo in evidenza quanto siano importanti e precisi.

La presenza dei numeri nella nostra vita quotidiana è così radicata che spesso nemmeno ci fermiamo a riflettere su di essa. Dall'orologio che ci sveglia al mattino con una precisa sequenza di numeri, ai codici a barre sui prodotti che acquistiamo, i numeri ci circondano costantemente. Ma andando oltre la loro semplice utilità pratica, i numeri ci invitano a esplorare il significato più profondo della realtà stessa, a interrogarci sulla loro origine e sul loro significato nell'universo.

In conclusione, i numeri sono molto di più di semplici simboli matematici. Sono porte per esplorare le profondità della filosofia, della teologia e persino della cultura popolare. Sono veicoli di significato, carichi di simbolismo e potenza, in grado di influenzare la nostra vita quotidiana e di aprirci a nuove prospettive sulla realtà. Il numero 7 può rappresentare la perfezione divina, il 13 la sfortuna, e l'8 la prosperità, ma in fondo, sono tutti parte di un linguaggio numerico universale che ci invita a comprendere meglio il mondo che ci circonda. E mentre continuiamo il nostro viaggio attraverso il mondo dei numeri, esploreremo ulteriormente il loro significato e la loro importanza nella nostra esistenza.

In conclusione, l'indagine sui numeri e la loro importanza nella comprensione della realtà è un viaggio in costante evoluzione. Mentre la scienza continua a rivelare nuove connessioni tra numeri e fenomeni naturali, non dobbiamo dimenticare le radici antiche di tali simboli matematici. Oltre la superficie dei numeri, c'è un mondo di significato profondo e spirituale da esplorare, un mondo che ci offre la promessa di un futuro in cui la comprensione della realtà si fonde con la sua essenza più profonda. La numerologia è un richiamo alla ricerca del significato nascosto dietro i numeri, un invito a scoprire il potenziale di trasformazione che essi portano con sé. In un mondo sempre più complesso, la comprensione dei numeri ci offre un faro, una guida per illuminare il cammino verso un futuro di scoperta e realizzazione.

# Capitolo 3: L'Incanto della Sequenza di Fibonacci

Nel vasto panorama della matematica, spesso ci imbattiamo in straordinarie meraviglie, e tra queste emerge con una bellezza senza tempo la Sequenza di Fibonacci. Questa successione di numeri interi, che danza dall'origine con gli accenti di 0 e 1, presenta una coreografia unica: ogni numero successivo è la somma dei due precedenti. Così, la Sequenza di Fibonacci si snoda con grazia inizia con 0, 1, 1, 2, 3, 5, 8, 13, 21, 34, 55, e continua a svelare la sua magia ininterrotta. Questo straordinario balletto matematico è stato portato alla luce dal genio italiano Leonardo Fibonacci nel XIII secolo, e da allora ha incantato e ispirato scienziati, artisti e filosofi di tutto il mondo.

Vi condurrò attraverso un viaggio affascinante alla scoperta della Sequenza di Fibonacci, svelando la sua presenza in ogni angolo della natura e dell'arte. Questa sequenza è come un delicato fiocco di neve che si forma nell'aria gelida della matematica e si posa con grazia su tutto ciò che tocca. Nella natura, ritroviamo l'armonia di Fibonacci nella disposizione dei petali dei fiori, nelle spire eleganti delle conchiglie marine e nelle ramificazioni intricate delle piante. Questa disposizione, conosciuta come la "spirale di Fibonacci", danza secondo le note segrete di questa successione numerica magica.

Ma il nostro viaggio non si ferma qui. Scopriremo che gli artisti, affascinati dalla Sequenza di Fibonacci, l'hanno resa protagonista delle loro opere d'arte. La "Sezione Aurea" o "Divina Proporzione", ottenuta dividendo un segmento in due parti in modo che il rapporto tra la parte più grande e quella più piccola sia uguale al rapporto tra la somma delle due parti e la parte più grande stessa, è un esempio magistrale. Questa proporzione, che si basa sui numeri di Fibonacci, è stata utilizzata in opere d'arte iconiche, come la Gioconda di Leonardo da Vinci, donando un'armonia segreta e una bellezza senza tempo a queste creazioni.

Qui esploreremo anche il ruolo cruciale della Sequenza di Fibonacci nella matematica moderna e la sua applicazione in diversi campi scientifici. La teoria dei numeri, la teoria delle onde e la geometria frattale sono solo alcune delle terre in cui i numeri di Fibonacci hanno piantato le loro radici profonde. Ma la loro influenza non si ferma qui. La musica, con la sua melodia incantevole, è anche intrisa di Fibonacci, poiché i rapporti numerici presenti nella scala musicale spesso seguono la sequenza stessa.

Concludiamo con una profonda riflessione sull'importanza della Sequenza di Fibonacci nella comprensione della realtà e nella ricerca scientifica. Questa sequenza è un testimone eloquente di come i numeri possano svelare i segreti della natura e del mondo che ci circonda. La matematica si rivela come un linguaggio universale che apre le porte della comprensione del nostro universo.

La Sequenza di Fibonacci, con la sua eleganza matematica e la sua bellezza intrinseca, è un invito a immergersi nelle profondità della realtà. Essa rappresenta un ponte tra l'arte e la scienza, tra la natura e la cultura, tra il nostro mondo interiore e l'universo esterno. In questo, ci offre una chiave preziosa per aprire la porta di un futuro in cui la comprensione della realtà si fonde con la sua essenza più profonda. Siamo chiamati a guardare oltre la superficie dei numeri, per trovare un significato più profondo e spirituale in essi, per poter trasformare la nostra comprensione della realtà. La Sequenza di Fibonacci ci invita a continuare il nostro viaggio, a esplorare e a scoprire il suo potenziale illimitato, e a plasmare un futuro in cui la bellezza e la matematica si incontrano.

La Sequenza di Fibonacci, con la sua eleganza matematica e la sua bellezza intrinseca, invita a immergersi nelle profondità della realtà. Essa rappresenta un ponte tra l'arte e la scienza, tra la natura e la cultura, tra il nostro mondo interiore e l'universo esterno. In questo, offre una chiave preziosa per aprire la porta a un futuro in cui la comprensione della realtà si fonde con la sua essenza più profonda. Siamo chiamati a guardare oltre la superficie dei numeri, a trovare un significato più profondo e spirituale in essi, a trasformare la nostra comprensione della realtà. La Sequenza di Fibonacci ci invita a continuare il nostro viaggio, a esplorare e a scoprire il suo potenziale illimitato, e a plasmare un futuro in cui la bellezza e la matematica si incontrano.

In breve, la Sequenza di Fibonacci costituisce un

pilastro fondamentale della matematica, la cui influenza permea molteplici campi scientifici, dalla teoria dei numeri alla geometria frattale e persino nella musica. Questo intricato intreccio di numeri rivela una struttura ricorrente che si manifesta in un vasto spettro di fenomeni naturali, aprendo la strada a nuove scoperte e applicazioni nella nostra comprensione del mondo che ci circonda.

La Sequenza di Fibonacci, con la sua presenza ubiquitaria nella natura e nell'arte, offre un affascinante esempio di quanto la matematica possa essere non solo strumento di analisi, ma anche portatrice di bellezza e complessità. È come un fiocco di neve unico che si forma in ogni angolo dell'universo, dalla disposizione elegante dei petali di un fiore alla sinuosa spirale di una conchiglia marina. Questa disposizione, nota come la "spirale di Fibonacci," è una melodia segreta che accompagna il susseguirsi della vita.

La sua onnipresenza nell' universo è quanto di più affascinante esista, dalle maestose galassie con braccia a spirale che seguono un'armoniosa sequenza simile a quella di Fibonacci, alla geometria intricata delle conchiglie marine e persino alle ali sfavillanti delle farfalle. La sua applicazione nella ricerca scientifica è altrettanto straordinaria, infilandosi nella teoria dei numeri, nella teoria delle onde e nell'entusiasmante mondo della geometria frattale. Ad esempio, la Sequenza di Fibonacci si è rivelata una compagna fedele nella ricerca di nuovi numeri primi, nell'ambito della crittografia e nella descrizione delle complesse onde elettromagnetiche.

Non è finita qui. La musica, con la sua melodia incantevole, riflette anch'essa l'influenza di Fibonacci. La scala musicale, basata su precisi rapporti numerici, trova un'affascinante interpretazione attraverso questa sequenza, generando scale musicali alternative intrise di una bellezza matematica.

Ma il legame tra la Sequenza di Fibonacci e il mondo naturale va oltre l'arte e la biologia. Questa sequenza numerica si fa strada anche nella fisica e nell'astronomia, dimostrando la sua rilevanza nella comprensione dei fenomeni naturali su scala cosmica.

Ad esempio, alcuni aspetti delle proprietà dei materiali possono essere compresi meglio attraverso la Sequenza di Fibonacci. Le strutture cristalline di alcuni materiali seguono schemi che possono essere descritti da questa sequenza, aiutando gli scienziati a comprendere le loro caratteristiche fisiche e chimiche. Questo ha importanti applicazioni nell'ingegneria dei materiali, nell'elettronica e in molti altri campi.

Nell'ambito dell'astronomia, la Sequenza di Fibonacci è stata collegata a fenomeni cosmici come la disposizione delle galassie nel cosmo. Alcuni studi suggeriscono che la disposizione delle galassie in ammassi segue modelli che richiamano questa sequenza matematica. Questo apre una finestra su possibili leggi naturali che regolano la distribuzione delle strutture cosmiche su larga scala.

Inoltre, la Sequenza di Fibonacci può anche essere applicata per comprendere meglio la struttura e l'evoluzione delle stelle. Le spirali che si formano in alcune fasi della vita delle stelle seguono modelli che possono essere descritti da questa sequenza. Questo offre un'ulteriore prova della sua ubiquità nel mondo naturale, dalle piccole strutture biologiche alle imponenti galassie nel cosmo.

In conclusione, la Sequenza di Fibonacci non è

solamente una curiosità matematica, ma piuttosto una chiave segreta che apre le porte tra il mondo dei numeri e il regno incontaminato della natura, fungendo da connessione tra il microcosmo delle minuscole particelle subatomiche e il macrocosmo delle gigantesche galassie distanti. La sua importanza si riflette in modo tangibile nella ricerca avanzata che spazia attraverso diversi campi scientifici. Tuttavia, ciò che rende veramente straordinaria questa sequenza matematica è il suo ruolo in quanto linguaggio universale che ci consente di esplorare le intricanti e spesso sorprendenti complessità del mondo che ci circonda.

La presenza pervasiva della Sequenza di Fibonacci nella natura è quanto di più affascinante si possa immaginare. La sua apparizione si manifesta in tutto, dai delicati giri delle conchiglie alle sfumature nei petali di un fiore, dalle spire delle foglie su un ramo alle geometrie intricatamente ordinate delle spire di un pignone di pino. Questa sequenza è la firma nascosta nella simmetria delle piante, nell'armonia delle onde oceaniche e persino nella disposizione dei semi di girasole.

La sua applicazione nei campi scientifici va ben oltre la semplice curiosità. Nei domini della biologia e della botanica, ad esempio, la Sequenza di Fibonacci rivela il suo ruolo nell'ottimizzazione delle strutture viventi. L'agave, nota per la sua elegante disposizione delle foglie, segue la sequenza per garantire che ogni foglia riceva la giusta quantità di luce solare. Allo stesso modo, gli alberi si servono di questa sequenza per distribuire le foglie in modo ottimale per la fotosintesi. In un mondo dove l'efficienza è fondamentale per la sopravvivenza, la Sequenza di Fibonacci si dimostra essere un prezioso alleato nella progettazione della natura stessa.

Ma non si ferma qui. La sequenza rivela la sua presenza anche nella struttura di organismi più complessi, come il corpo umano. L'arte medica dell'osteopatia, ad esempio, riconosce l'importanza della Sequenza di Fibonacci nella struttura delle ossa e nella disposizione delle articolazioni. Questa consapevolezza ha permesso agli osteopati di sviluppare approcci terapeutici mirati, sfruttando la naturale armonia dei numeri per promuovere la guarigione e il benessere.

Il mondo dell'arte trova anch'esso ispirazione nella Sequenza di Fibonacci. Artisti, designer e architetti hanno sfruttato questa sequenza per creare opere straordinariamente belle e armoniose. La proporzione aurea, una relazione matematica intrinseca alla Sequenza di Fibonacci, è stata una guida preziosa nella creazione di capolavori architettonici, dipinti e sculture iconiche.

Nella musica, la Sequenza di Fibonacci ha un ruolo tutto suo. Compositori come Béla Bartók e Olivier Messiaen hanno incorporato queste strutture numeriche nelle loro composizioni per creare opere che emanano un profondo senso di armonia e bellezza. La musica, con le sue frequenze e i suoi ritmi, segue spesso le proporzioni matematiche della sequenza, creando così un'esperienza sonora che risuona in modo unico nell'animo umano.

La Sequenza di Fibonacci rappresenta non solo una chiave per comprendere meglio noi stessi ma anche un ponte verso una comprensione più profonda del nostro posto nell'universo. Nei campi della cosmologia e dell'astronomia, le strutture basate su questa sequenza sono osservate nelle spire delle galassie, nelle strutture delle nebulose e persino nelle orbite dei pianeti. Questo collegamento tra numeri e spazio cosmico suggerisce che la Sequenza di Fibonacci potrebbe essere un codice segreto dell'universo stesso, un messaggio cifrato che attende di essere decifrato dagli occhi curiosi degli astronomi e dei cosmologi.

In conclusione, la Sequenza di Fibonacci è molto più di una curiosità matematica; essa rappresenta un legame segreto tra il mondo dei numeri e la natura, fungendo da ponte tra il microcosmo delle particelle subatomiche e il macrocosmo delle galassie lontane. La sua rilevanza nella ricerca avanzata attraverso numerosi campi scientifici ne conferma l'importanza. Questa straordinaria sequenza matematica è un esemplare testimonianza di come la matematica non sia solamente uno strumento di analisi, ma anche un linguaggio universale in grado di esplorare le intricanti complessità della realtà. La costante presenza della Sequenza di Fibonacci nella natura e la sua applicabilità in svariati ambiti scientifici sottolineano il legame indissolubile tra scienza e arte. Attraverso questa sequenza, emerga una verità profonda: la matematica può svolgere il ruolo di faro illuminante nel nostro percorso verso una comprensione più completa e avvincente del mondo che ci circonda.

# Capitolo 4: La Geometria Sacra - Un Viaggio Tra Le Forme Dell'Anima

La geometria sacra, una raffinata espressione artistica della matematica, ci conduce in un mondo di forme e figure intrise di significato spirituale e simbolico. Come un intricato fiocco di neve, questa disciplina ha sfiorato molte culture antiche, dalla misteriosa Egizia all'illuminata Grecia, dalla maestosa Roma all'antica Cina. Le sue tracce si possono seguire attraverso secoli di storia, dal momento in cui ha plasmato gli edifici sacri, gli oggetti di culto e i simboli religiosi di civiltà antiche.

Tuttavia, la geometria sacra è più di un semplice linguaggio artistico; è la lingua con cui la spiritualità si fonde con la natura. Come cristalli di ghiaccio intricati che si formano in modelli sorprendenti, questa geometria si manifesta ovunque nella natura. Guarda attentamente, e troverai la sua firma nella struttura stessa del DNA, nelle spirali delle galassie lontane, nella simmetria delle piante e nella precisione della geometria dei cristalli. È un legame profondo tra l'anima e il mondo che ci circonda, dimostrando che la geometria è il linguaggio universale con cui possiamo narrare la realtà.

L'arte e l'architettura sono i palcoscenici principali in cui la geometria sacra ha danzato in modo magistrale. Prendiamo ad esempio la magnifica Cattedrale di Chartres in Francia, un'opera d'arte architettonica in cui la geometria sacra è stata utilizzata per intessere un simbolismo religioso e spirituale attraverso i suoi archi e le sue vetrate colorate. Ogni colonna, ogni arco, ogni finestra ha una profonda connessione con l'ordine divino.

Nonostante il suo radicamento nelle epoche antiche, la geometria sacra continua a vibrare nelle corde della scienza moderna. Si cela nella complessità della teoria delle stringhe e nella straordinaria fisica quantistica. La teoria delle stringhe, per esempio, utilizza la geometria per tracciare i contorni dell'universo, mentre la fisica quantistica si affida alla geometria per dipingere i comportamenti delle sfuggenti particelle subatomiche.

In sintesi, la geometria sacra è una gemma nascosta che risplende come un delicato fiocco di neve. È una forma di geometria che va al di là delle fredde equazioni matematiche e delle leggi fisiche. È un linguaggio universale che parla ai cuori e alle anime, un ponte tra la scienza e la spiritualità. Guarda attorno a te, e vedrai come le forme sacre danzano nella natura, nell'arte e nella scienza, offrendoci una comprensione più profonda e completa del nostro mondo e di noi stessi. Come un fiocco di neve unico, la geometria sacra ci ricorda che la bellezza, la spiritualità e la scienza possono danzare insieme in un'armonia perfetta.

La geometria sacra, come un fiocco di neve scintillante

nell'inverno dell'umanità, ci invita a esplorare un mondo di forme e figure intrise di significato spirituale e simbolico. Oltre a contemplare le linee e i poligoni, questa disciplina abbraccia la proporzione e la simmetria, avvolgendo l'anima umana in un abbraccio intimo con il mistero dell'universo.

Una delle più affascinanti proporzioni matematiche svelate dalla geometria sacra è la "sezione aurea," nota anche come "proporzione divina." Questa proporzione, come il più prezioso dei gioielli nascosti in un fiocco di neve, è stata utilizzata per creare alcune delle opere d'arte e d'architettura più celebrate della storia dell'umanità.

Un esempio epocale della presenza della geometria sacra nell'architettura è la Cattedrale di Chartres, un gioiello gotico eretto nel XII secolo in Francia. Questa maestosa cattedrale è un'autentica sinfonia di forme sacre, dalle strutture basate sui numeri primi all'incanto della proporzione divina che danza tra i suoi elementi architettonici. Ogni pietra racconta una storia di connessione tra il divino e il terreno.

Ma la geometria sacra non si limita all'arte e all'architettura. Si diffonde come un dolce sussurro anche nella musica, dove le proporzioni e le relazioni numeriche diventano le note di armoniose melodie. Il temperamento equabile, un'antica tecnica di accordatura, attinge alla sezione aurea e alla proporzione divina per plasmare suoni che riscaldano l'anima umana come il sole invernale.

Non sorprende che la geometria sacra abbia trovato un suo spazio anche nelle avanguardie della scienza moderna. Nelle pieghe dei frattali, come cristalli di neve intricati, essa ha trovato una casa. I frattali, con la loro ripetizione di schemi geometrici su diverse scale, sono la chiave per comprendere la complessità dei sistemi naturali, dalle danze degli elementi nel cielo alle intricatissime geometrie delle strutture biologiche.

La geometria sacra è un raro fiore che cresce su terreni molteplici, unendo la spiritualità, l'arte, l'architettura, la musica e la scienza attraverso il ricamo paziente delle forme geometriche, delle proporzioni e delle simmetrie.

Essa è stata il motore creativo e funzionale di innumerevoli opere d'arte e monumenti architettonici, ma si è anche insinuata nei corridoi della scienza moderna. Questo incanto ci ricorda che la bellezza e la complessità dell'universo possono essere tradotte nel linguaggio matematico e geometrico, creando una sinfonia che risuona in ogni aspetto della nostra esistenza.

La geometria sacra è una guida, come un delicato fiocco di neve, che ci mostra che la comprensione della realtà può essere intrapresa da diverse angolazioni. Che si tratti dell'architettura di un edificio o della simmetria di un fiocco di neve, questa disciplina ci insegna che ogni dettaglio è parte di un grande disegno, che collega i punti tra le forme e le proporzioni.

Tuttavia, la sua influenza va oltre la superficie. Attraverso l'arte, la scienza e la spiritualità, la geometria sacra ci rivela una bellezza intrinseca che svela la danza intricata tra matematica e realtà. In un mondo spesso diviso, essa ci mostra che la bellezza e l'armonia universale possono essere rivelate attraverso la comprensione condivisa delle forme e dei numeri, unificando le persone e le culture in una melodia condivisa.

Il fiocco di neve della geometria sacra non si scioglie mai. Si trasforma in una fiamma che brucia nell'anima di coloro che cercano una comprensione più profonda del mondo che ci circonda. Attraverso il suo prisma, le numerose discipline si fondono in un'unica visione della bellezza e dell'armonia universale.

Inoltre, la geometria sacra non si limita alla comprensione del mondo visibile. Svela anche il suo incanto sulla scala subatomica, dove le forme geometriche considerate sacre affiorano nelle particelle subatomiche come sogni invernali. Il tetraedro, il cubo, l'icosaedro e il dodecaedro danzano tra le particelle, come ballerine incantate su un palcoscenico microscopico.

Un esempio notevole di questa fusione tra la geometria sacra e la fisica moderna è la teoria delle stringhe. Questa teoria affascinante suggerisce che il tessuto dell'universo sia composto da minuscole stringhe unidimensionali che vibrano in modo specifico, come corde di una sinfonia cosmica, dando origine alle particelle subatomiche. In questa sinfonia, la geometria sacra è innegabilmente presente, poiché le vibrazioni delle stringhe sono intrinsecamente legate ai modelli geometrici e alle armonie matematiche. Le particelle subatomiche danzano al ritmo di questa musica nascosta, seguendo le regole della geometria sacra incise nell'essenza stessa dell'universo.

Non sorprende che la geometria sacra abbia trovato applicazioni persino nell'architettura e nella progettazione di macchine di confine, come gli acceleratori di particelle. Questi strumenti avanzati, simili a cristalli di neve di ingegneria, sono progettati seguendo una disposizione geometrica sacra. Ad esempio, il Large Hadron Collider del CERN, il più grande acceleratore di particelle al mondo, abbraccia la geometria sacra del dodecaedro nella sua struttura circolare di magneti superconduttori.

In questo straordinario connubio tra la scienza più avanzata e l'antica saggezza della geometria sacra, siamo testimoni di un'armonia che supera i confini temporali e spaziali. Questo fenomeno ci ricorda che la matematica e le forme geometriche sono un linguaggio universale, una lingua che parla al cuore della realtà stessa.

La geometria sacra è una melodia che risuona nei luoghi più nascosti dell'universo, dall'arte all'architettura, dalla musica alla scienza. È un invito a danzare con le forme, a intrecciare la propria essenza con la simmetria, a cercare l'armonia tra le proporzioni.

In conclusione, la geometria sacra non è semplicemente un insieme di forme e proporzioni; è un portale per una comprensione più profonda e completa della realtà. È un richiamo all'armonia universale e all'unità tra tutte le cose.

Questa disciplina non solo abbraccia il mondo visibile ma si estende anche al mondo invisibile, dove le particelle subatomiche danzano secondo le regole della geometria sacra. La sua presenza nell'arte, nell'architettura, nella musica e nella scienza ci ricorda che non esistono separazioni rigide tra queste diverse discipline, ma solo una danza infinita tra forme, numeri e significati.

La geometria sacra è una guida per coloro che cercano di comprendere il mondo in modo più profondo, un ponte tra il concreto e l'astratto, un linguaggio universale che unisce l'umanità attraverso la bellezza e l'armonia che permeano il tessuto stesso dell'universo. Come un fiocco di neve unico che si unisce a milioni di altri per creare uno splendido paesaggio invernale, la geometria sacra ci mostra che siamo tutti parte di un tutto più grande, una sinfonia di forme e significati che costituiscono la realtà stessa.

# Capitolo 5: L'Armonia Nascosta delle Frequenze

Nel nostro viaggio attraverso il connubio tra numeri, musica e frequenze, scopriamo un mondo di meraviglie in cui la matematica si fonde con la musica, dando vita a un'armonia nascosta. La scala musicale è il nostro punto di partenza. Questo sistema di note, familiare a chiunque abbia mai ascoltato una canzone, è il risultato di complesse relazioni numeriche. Immagina un fiocco di neve composto da dodici piccoli cristalli, ognuno rappresentante una nota musicale. Questi cristalli sono disposti in cerchio, seguendo precise proporzioni matematiche. Ogni volta che attraversiamo il confine tra un cristallo e l'altro, sperimentiamo un cambiamento di frequenza, una piccola variazione nell'armonia della melodia. Questa è la magia della scala musicale occidentale standard, una composizione di rapporti numerici che ci guida attraverso le emozioni e le storie della musica.

Ma la matematica non si ferma alla scala; essa permea ogni aspetto della musica. Immagina ora un'orchestra, dove ogni strumento è un fiocco di neve unico, con la sua frequenza e il suo timbro distinti. Quando questi fiocchi suonano insieme, creano una sinfonia di proporzioni matematiche. Ogni nota ha un valore numerico, un'identità che contribuisce all'armonia complessiva dell'opera. Quando ascoltiamo un accordo, stiamo effettivamente percependo la matematica in azione: le frequenze delle note si combinano in modo preciso per creare un suono che può farci piangere o sorridere.

Ma c'è di più. Dietro le quinte, la matematica gioca un ruolo cruciale nella creazione e nell'analisi della musica. Immagina uno spettro di luce che attraversa un prisma, separandosi in una vasta gamma di colori. La matematica entra in scena quando consideriamo che ogni colore ha una frequenza specifica. Nella musica, una melodia complessa può essere scomposta in una serie di onde sonore sinusoidali, ognuna con una frequenza e un'ampiezza distinte. Questo è il risultato della trasformata di Fourier, una tecnica matematica che ci permette di comprendere come la matematica è intrinsecamente legata al suono.

Ma l'armonia tra numeri, musica e frequenze non si ferma alla musica stessa. Immagina ora il suono delle onde che si infrangono sulla riva del mare o il canto degli uccelli all'alba. Questi suoni sono prodotti da onde sonore, che seguono rigorose leggi matematiche di frequenza e ampiezza. La natura stessa danza al ritmo delle frequenze: le onde elettromagnetiche emesse dal Sole portano con sé informazioni preziose per gli astronomi, mentre le comunicazioni tra animali sono basate su frequenze specifiche che trasportano messaggi vitali. L'aspetto più sorprendente di questa connessione tra numeri, musica e frequenze è la sua ubiquità. La matematica, nascosta tra le note e le onde sonore, è una lingua universale che connette l'intero universo. Ogni melodia che ascoltiamo è una parte di questa sinfonia cosmica, una danza di numeri e frequenze che si estende dall'infinitamente piccolo all'infinitamente grande.

In conclusione, il nostro viaggio ci ha portato a scoprire che la matematica è la chiave segreta della musica e delle frequenze che ci circondano. La bellezza e la complessità delle melodie che amiamo sono il risultato di armonie matematiche, mentre la natura stessa segue le leggi delle frequenze. La musica, in ultima analisi, è una forma di comunicazione universale, un linguaggio che ci permette di connetterci con l'essenza dell'universo. Attraverso questa comprensione, possiamo contemplare la bellezza della matematica in ogni nota, in ogni onda sonora, e in ogni fiocco di neve che danza nell'infinito inverno dell'esistenza.

Nel nostro esplorare le intricanti connessioni tra numeri, musica e frequenze, scopriamo un mondo di meraviglie in cui la matematica danza all'unisono con l'arte, dando vita a un'armonia che sfida la comprensione. La musica, con la sua bellezza intrinseca e la sua capacità di suscitare emozioni, può essere considerata un'arte matematica. La sua struttura è basata su rapporti numerici precisi tra le note che compongono la scala musicale. È come se ogni nota fosse un cristallo di neve in un intricato fiocco, con proporzioni matematiche che guidano la melodia. La musica occidentale standard, ad esempio, si basa sulla divisione dell'ottava in dodici note equidistanti, ciascuna con un rapporto di frequenza di radice dodicesima di due rispetto alla nota precedente. Questa sottile danza matematica tra le note crea l'armonia che tanto ammiriamo e amiamo.

Tuttavia, la matematica musicale si espande ben oltre la scala. Ogni cultura e tradizione musicale ha sviluppato le proprie scale e intonazioni basate su rapporti numerici specifici, dimostrando che la matematica è un elemento intrinseco non solo nella musica occidentale ma anche in quella orientale e nelle molteplici altre forme di espressione musicale.

Questo straordinario legame tra matematica, frequenze e musica è stato oggetto di studio e ammirazione attraverso i secoli. Gli strumenti musicali, come il leggendario violino Stradivari, sono stati sottoposti a scrutini scientifici per svelare come la matematica e la fisica abbiano contribuito alla loro creazione e al loro suono magico.

La musica, infatti, è una disciplina unica in cui la frequenza delle note e il loro rapporto tra loro giocano un ruolo cruciale nella creazione di un'esperienza sonora piacevole. Ogni nota ha una frequenza specifica, e la successione di queste frequenze determina la melodia che ascoltiamo. L'armonia tra queste note segue regole matematiche precise, che possono essere esplorate attraverso la teoria musicale.

Una parte essenziale della creazione del suono e della musica è la risonanza. La risonanza si verifica quando un oggetto inizia a vibrare a una frequenza specifica in risposta a un'altra sorgente sonora. Per esempio, pensa a una corda di violino che inizia a vibrare quando viene toccata da un archetto. Questa risonanza è fondamentale per la creazione del suono e dell'armonia. La cassa armonica di uno strumento musicale è un luogo di risonanza, dove le vibrazioni delle corde interagiscono con l'aria all'interno della cassa per creare un suono ricco e articolato.

Un esempio concreto di risonanza nella musica è l'accordatura di una chitarra. Quando pizzichi una corda, essa inizia a vibrare a una frequenza specifica. Ora, immagina di posizionare un altro oggetto che vibra a quella stessa frequenza vicino alla corda, come una corda non pizzicata. La risonanza entra in gioco, e le due corde iniziano a vibrare all'unisono, creando un suono più intenso e armonioso.

La scienza moderna sta ancora esplorando le profondità della risonanza nella musica. Ad esempio, gli studi hanno dimostrato che l'ascolto di musica con frequenze specifiche può influenzare positivamente lo stato emotivo e mentale delle persone. La frequenza di 432 Hz, spesso chiamata "la frequenza della Terra," è stata associata a una maggiore armonia e pace interiore.

Ma la risonanza non influenza solo il nostro benessere emotivo. Si estende anche alla nostra mente e al nostro cervello. La stimolazione magnetica transcranica è un esempio di come la risonanza possa essere utilizzata per migliorare la memoria a breve termine. Questo metodo non invasivo utilizza campi magnetici per stimolare aree specifiche del cervello, amplificando così la sua attività e potenziando la memoria.

In generale, l'armonia delle frequenze e la matematica nella musica e nella natura è un affascinante intrigo che abbraccia la comprensione della realtà e la nostra connessione con essa.

La musica va oltre il semplice ascolto e il piacere uditivo; essa agisce come un ponte tra il mondo della matematica e quello dell'arte. Le sue note sono come pagine in un libro matematico, con proporzioni precise che guidano ogni melodia. La scala musicale occidentale standard, per esempio, si basa sulla suddivisione dell'ottava in dodici note equidistanti, ciascuna con un rapporto di frequenza di radice dodicesima di due rispetto alla nota precedente. Questa sequenza di rapporti numerici crea un'armonia che è al tempo stesso matematica e musicale, un fiocco di neve unico nel suo genere nell'universo delle arti.

Ma la matematica e la musica si fondono in una sinfonia anche più ricca di sfumature. Ogni cultura e tradizione musicale ha sviluppato le proprie scale e intonazioni, ognuna basata su rapporti numerici specifici. Questo dimostra che la matematica non è confinata alla musica occidentale, ma permea ogni angolo del mondo musicale, creando melodie e ritmi unici che riflettono la cultura da cui provengono.

Il legame straordinario tra matematica, frequenze e musica è stato studiato e ammirato nel corso dei secoli. Strumenti musicali leggendari come il violino Stradivari sono stati sottoposti a scrutini scientifici per svelare come la matematica e la fisica abbiano plasmato la loro creazione e il loro suono. Ogni corda, ogni curva, ogni cavità di questi strumenti è il risultato di un'equazione matematica, una danza complessa di numeri che dà vita alla musica.

La musica, infatti, è una forma d'arte unica, in cui la frequenza delle note e i loro rapporti creano l'armonia. La successione di queste frequenze determina la melodia che sentiamo e le emozioni che suscita. L'armonia tra queste note segue regole matematiche precise, che possono essere studiate attraverso la teoria musicale. Ogni nota è un tassello in un puzzle matematico, e quando questi tasselli si uniscono, creano un quadro sonoro che può toccare le corde più profonde dell'anima.

Ma non è solo la matematica delle note a catturare l'attenzione. La risonanza gioca un ruolo cruciale nella creazione del suono e della musica. Quando un oggetto inizia a vibrare alla stessa frequenza di un'altra sorgente sonora, si crea una reazione armoniosa chiamata risonanza. Per esempio, immagina una corda di violino che vibra quando colpita da un archetto. Questa risonanza è il cuore della musica, una danza segreta tra le frequenze che dà vita al suono. All'interno della cassa armonica di uno strumento musicale, le vibrazioni delle corde si fondono con l'aria, creando un suono ricco e vibrante, una sinfonia di risonanza matematica.

Un esempio tangibile di risonanza nella musica è l'accordatura di una chitarra. Quando pizzichi una corda, essa inizia a vibrare a una frequenza specifica. Immagina ora di posizionare un altro oggetto che vibra alla stessa frequenza vicino alla corda, come un'altra corda non pizzicata. La risonanza entra in gioco, e le due corde iniziano a vibrare all'unisono, creando un suono amplificato e armonioso. Questo è un esempio di come la matematica sia intrecciata nella fisica del suono.

La scienza moderna sta ancora esplorando le profondità della risonanza nella musica. Studi scientifici hanno dimostrato che l'ascolto di musica con frequenze specifiche può influenzare positivamente lo stato emotivo e mentale delle persone. La frequenza di 432 Hz, conosciuta anche come "la frequenza della Terra," è stata associata a una maggiore armonia e pace interiore, una melodia per l'anima. La risonanza può anche influenzare la connessione tra le diverse parti del cervello, migliorando la memoria e l'apprendimento. La stimolazione magnetica transcranica, un metodo non invasivo che utilizza campi magnetici per stimolare aree specifiche del cervello, è stata utilizzata con successo per migliorare la memoria a breve termine.

La musica, le onde elettromagnetiche e altre forme di energia possono influenzare non solo il nostro stato emotivo e mentale, ma anche il nostro ambiente circostante e l'universo nel suo complesso. Siamo immersi in un mare di frequenze matematiche, una sinfonia cosmica che ci lega all'essenza stessa dell'universo.

La matematica riveste un ruolo fondamentale nella comprensione della fisica e della natura, e la musica è un esempio straordinario di come la matematica possa essere utilizzata per creare qualcosa di bello e armonioso. La relazione tra numeri, musica e frequenze è un percorso senza fine, un sentiero tortuoso di scoperte e meraviglie che ci accompagnerà per sempre.

In conclusione, le frequenze e la musica costituiscono un affascinante mondo in cui la matematica e l'arte si abbracciano in una danza senza fine. La musica è una chiave che ci consente di esplorare e comprendere l'universo in modo unico, una lingua universale che va al di là delle parole e ci permette di entrare in contatto con l'essenza del mondo che ci circonda. È una sinfonia matematica che risuona nell'anima di ogni essere vivente, un'affascinante testimonianza dell'ordine e dell'armonia dell'universo.

# Capitolo 6: Il Fascino Inesauribile del Numero Pi Greco

Il numero $\pi$, noto come pi greco, è una delle costanti matematiche più enigmatiche e affascinanti che l'umanità abbia mai scoperto. Questo numero irrazionale e trascendente è intriso di mistero e leggende, incastonato nel cuore della geometria e della scienza. La sua storia risale a millenni fa, svelando un filo rosso intessuto tra culture e civiltà antiche, un segreto custodito tra i matematici e gli studiosi di ogni epoca.

Il simbolo $\pi$, derivato dalla lettera greca per "p," è stato per la prima volta utilizzato per rappresentare questa costante da William Jones nel 1706, ma la sua scoperta risale a ben prima di quell'anno. Sin dall'antichità, nelle antiche terre della Mesopotamia, i Babilonesi avevano una conoscenza approssimativa di $\pi$, utilizzando una vicina approssimazione di 3.125 nelle loro formule. Gli Egizi, altrettanto affascinati da questo enigma geometrico, si avvicinarono a π con un'approssimazione di 3.1605. Tuttavia, fu nell'antica Grecia che il vero sapore di π cominciò a emergere.

Archimede, uno dei più grandi matematici di tutti i tempi, contribuì notevolmente alla comprensione di π. Utilizzando una mente brillante e ingegnosa, calcolò una serie di approssimazioni di π, basate sulla geometria. Il suo metodo consisteva nel considerare poligoni regolari inscritti e circoscritti attorno a una circonferenza e calcolare il loro perimetro. Man mano che aumentava il numero di lati di questi poligoni, si avvicinava sempre di più al vero valore di π. Lavorando con un poligono a 96 lati, Archimede riuscì a calcolare π con un errore inferiore all'1%, un risultato straordinario per l'epoca.

La conoscenza di π aprì porte alla comprensione della geometria e dell'astronomia. Con questo numero, era possibile calcolare la lunghezza di una circonferenza con precisione, misurare l'area di un cerchio e determinare il volume di una sfera. La sua presenza si insinuò anche nella trigonometria, in cui le funzioni trigonometriche venivano espresse in termini di π, creando una sinfonia matematica.

Nel corso della storia, il calcolo di π rappresentò una sfida matematica affascinante. Matematici come Ludolph van Ceulen dedicarono gran parte delle loro vite nel tentativo di calcolare π con la massima precisione possibile. Nel 1596, van Ceulen calcolò π con 35 decimali, e quest'impresa fu incisa sulla sua lapide come epitaffio.

Nel XVIII secolo, John Machin, un matematico inglese, sviluppò una formula che permise di calcolare π utilizzando l'arcotangente. Questo metodo aprì la strada a calcoli sempre più precisi e portò a nuovi record nel calcolo delle cifre decimali di π. Ma uno dei contributi più significativi alla comprensione di π venne da un genio matematico nato in India, Srinivasa Ramanujan.

Ramanujan, con la sua intuizione straordinaria, scoprì una formula incredibilmente veloce per il calcolo di π. La sua formula permise di ottenere milioni di cifre decimali di π con sorprendente efficienza. Il suo lavoro fece progredire notevolmente la comprensione di questo numero straordinario e svelò un nuovo aspetto del suo mistero. La relazione tra π e la fisica teorica è un'altra dimensione affascinante di questo numero. La costante di accoppiamento, una quantità fondamentale nella teoria delle particelle elementari, include π nella sua formula. Questo collegamento tra il mondo della fisica subatomica e il numero π dimostra come la matematica sia un linguaggio universale che attraversa tutte le discipline scientifiche.

Ma π non si limita alla fisica delle particelle. Le equazioni di Maxwell, che descrivono l'elettromagnetismo, includono anche π nelle loro formule. Questo numero è essenziale per comprendere la propagazione delle onde elettromagnetiche, fondamentali per la comunicazione moderna e la nostra comprensione del mondo naturale.

La comprensione di π ha sollevato profonde questioni filosofiche sull'importanza dei numeri nella comprensione della realtà. La presenza di π nella fisica teorica ha spinto gli studiosi a riflettere sull'idea che i numeri siano il linguaggio segreto dell'universo. Questo concetto solleva domande sulla natura stessa della realtà e se questa possa essere descritta in termini matematici.

In conclusione, il numero π greco è molto più di una semplice costante matematica; è un simbolo di conoscenza umana, una traccia che ci collega alle civiltà antiche e ai pensieri dei grandi matematici del passato. La sua presenza in molte aree della matematica, della fisica e della filosofia dimostra che i numeri possono essere una chiave per svelare i segreti dell'universo. Il mistero di $\pi$, con il suo fascino eterno, continua a ispirare matematici, scienziati e filosofi a esplorare le profondità della realtà matematica e fisica. In ogni cifra decimale di $\pi$ si nasconde un frammento di verità che attende di essere scoperto, un fiocco di neve nel vasto panorama della conoscenza umana.

Il numero $\pi$ è una delle costanti matematiche più avvincenti e misteriose che l'umanità abbia mai incontrato nel suo viaggio alla scoperta dei segreti dell'universo. Questo numero è intriso di significati che abbracciano la materia, l'energia e persino la stoffa dello spazio-tempo stesso. Nel nostro percorso attraverso il mistero di $\pi$, esploreremo le sue profonde connessioni con la relatività generale di Einstein, il principio di indeterminazione di Heisenberg e molto altro ancora.

Nella teoria della relatività generale di Albert Einstein, l'equazione di campo di Einstein riveste un ruolo centrale nel descrivere la gravità. Questa equazione include il termine di curvatura, una misura della curvatura dello spazio-tempo, che a sua volta coinvolge il raggio di curvatura. Qui sorge il legame inestricabile con il nostro protagonista, il numero $\pi$. Poiché il raggio di curvatura è inversamente proporzionale a $\pi$, il valore di questo enigmatico numero è fondamentale per la descrizione della geometria dello spazio-tempo, un tessuto intricato in cui la gravità danza con le leggi dell'universo.

Ma le sorprendenti connessioni di $\pi$ non si limitano alla relatività generale; spaziano anche nell'intricato mondo della meccanica quantistica. Il principio di indeterminazione di Heisenberg, una pietra angolare della fisica quantistica, stabilisce che la posizione e la quantità di moto di una particella non possono essere determinate con precisione simultaneamente. Qui, la costante di Planck, intimamente legata al nostro enigmatico numero, svolge un ruolo cruciale. È proprio grazie a $\pi$ che siamo in grado di comprendere e quantificare questo principio, gettando luce sullo straordinario mondo delle particelle subatomiche e della loro natura indeterminata.

Tuttavia, $\pi$ non si accontenta di fare capolino solo in questi ambiti scientifici; si insinua anche nell'affascinante mondo dell'informatica e delle telecomunicazioni, in particolare nella teoria dell'informazione. Si è rivelato un compagno indispensabile nella stima della capacità di trasmissione di un canale di comunicazione, un concetto cruciale in un'era in cui le informazioni fluivano a velocità mai viste prima. Per illustrare il potere di $\pi$ in questo contesto, consideriamo un canale di trasmissione dati che utilizza una modulazione di ampiezza. Questo canale, con la sua larghezza di banda limitata e un sottofondo di rumore, diventa il palcoscenico perfetto per il protagonismo di $\pi$. La formula di Shannon-Hartley, che coinvolge appunto il nostro numero, entra in scena per calcolare la capacità massima di trasmissione di questo canale. Qui, $\pi$ è come il direttore d'orchestra che coordina l'intera sinfonia dell'informazione, stabilendo i limiti di quanto possiamo comunicare senza perdere dati nel caos dei segnali.

Ma $\pi$ non si limita a essere uno strumento nella teoria dell'informazione; trova anche applicazioni nell'arte segreta della crittografia, in particolare nella crittografia a chiave pubblica. In questo mondo, il logaritmo naturale di $\pi$ si erge come base per il calcolo di funzioni matematiche che fungono da guardiani dei nostri segreti digitali. È un custode silenzioso ma potente delle comunicazioni sicure che avvengono nell'era digitale.

Oltre a queste applicazioni pragmatiche, il numero $\pi$ continua ad essere una delle costanti più affascinanti e misteriose nella vasta sfera della matematica. La sua presenza nelle leggi naturali, nei fenomeni fisici e nella nostra comprensione dell'universo lo rende un numero fondamentale per scrutare gli anfratti della realtà e della natura stessa.

L'accuratezza nel calcolo del valore di $\pi$ è stata una sfida affascinante che ha attraversato i secoli. Storici matematici si sono dedicati con passione a calcolare $\pi$ con una precisione sempre crescente. Uno dei metodi più noti è l'utilizzo di una serie infinita, la serie di Gregory-Leibniz, che converge lentamente ma inesorabilmente verso il valore di $\pi$. Questo è stato uno dei passi iniziali per comprendere meglio il nostro numero misterioso.

Oggi, grazie al potere delle macchine, possiamo calcolare il valore di $\pi$ con una precisione straordinaria. Un record notevole risale al 2020, quando il matematico americano Timothy Mullican ha calcolato 62,8 trilioni di cifre decimali di $\pi$. Questo sforzo titanico dimostra quanto sia profondo e complesso il mistero di $\pi$ e quanto sia determinante conoscerne le cifre con precisione sempre maggiore. Ma come possiamo essere sicuri dell'esattezza di questi calcoli titanici? Una tecnica antica ma affascinante coinvolge l'esperimento degli aghi di Buffon. In questa prova, aghi lunghi vengono lanciati casualmente su un pavimento con righe parallele. Contando quanti aghi cadono sulle righe rispetto a quanti cadono tra le righe, è possibile stimare il valore di $\pi$.

Questo esperimento, benché semplice nella sua concezione, è una delle prove tangibili dell'inestimabile valore di $\pi$ nella nostra comprensione della realtà matematica.

Inoltre, esistono tecniche più sofisticate ed estese per stimare $\pi$, tra cui l'uso di supercomputer e algoritmi avanzati. Questi strumenti moderni ci permettono di ottenere un valore di $\pi$ con una precisione estrema, avvicinandoci sempre di più al suo misterioso cuore.

L'importanza di conoscere l'esatto valore di $\pi$ è profonda e universale. Va oltre la curiosità matematica, poiché ha implicazioni pratiche in molte discipline, dalla fisica all'ingegneria, dall'informatica a innumerevoli altri campi. Ad esempio, nel mondo dell'informatica, il valore di $\pi$ è utilizzato per calcolare la capacità di archiviazione dei supporti di memoria, come i dischi rigidi, che sono il cuore pulsante dei nostri dispositivi digitali moderni. La conoscenza precisa di $\pi$ è la chiave che ci consente di massimizzare l'efficienza di questi mezzi di archiviazione, garantendo che possiamo accedere rapidamente e in modo affidabile alle informazioni che rappresentano una parte così fondamentale della nostra vita quotidiana.

In conclusione, il numero $\pi$ greco è molto più di una semplice costante matematica; è un pilastro su cui poggiano le fondamenta della nostra comprensione dell'universo. Le sue connessioni con la relatività generale di Einstein e il principio di indeterminazione di Heisenberg ci spingono a guardare più in profondità nell'intreccio tra la geometria e la meccanica quantistica. La sua presenza nell'informatica e nella crittografia ci rivela il suo potere nascosto nel mondo digitale in cui viviamo. La sua ricerca incessante e la sua computazione accurata ci dimostrano quanto sia profondo il suo mistero e quanto sia fondamentale conoscerlo con precisione.

Il nostro viaggio nel mondo di π è un percorso che sfida la mente umana e la tecnologia moderna, un viaggio che va oltre i confini dell'immaginazione matematica. Alla fine, π rappresenta non solo una costante, ma un simbolo dell'arduo lavoro, della determinazione umana e dell'incessante sete di conoscenza che caratterizza la nostra specie. La sua presenza in così tanti aspetti della nostra comprensione del mondo sottolinea la bellezza e la complessità della matematica e la sua capacità di illuminare i segreti dell'universo.

Siamo stati testimoni di come π si intrecci con la relatività, con la quantistica e con l'informatica, ma il suo viaggio non finisce qui. L'infinità delle cifre decimali di π, senza ripetizione né schema apparente, ci ricorda che il mistero persiste, pronto a svelare nuovi segreti quando lo sfidiamo con intelligenza e creatività.

Il suo ruolo nelle leggi della fisica, nella crittografia e nell'informatica continua a sfidare e ispirare le menti di scienziati, matematici e appassionati di tutto il mondo. In un'epoca in cui la conoscenza e la tecnologia avanzano a passi da gigante, π rimane un faro di scoperta e un simbolo della bellezza intrinseca delle leggi che governano il nostro universo.

Dunque, mentre concludiamo questo capitolo nel nostro viaggio alla scoperta del numero π greco, teniamo presente che il suo mistero è destinato a perdurare. Può sembrare un semplice numero, ma è molto di più: è una chiave per comprendere il mondo che ci circonda, un simbolo di scoperta e un richiamo per coloro che cercano di svelare i segreti dell'universo.

Infine, riflettiamo su come π rappresenti una delle più

grandi conquiste della mente umana. È un testimone silenzioso dell'incessante ricerca di conoscenza e della bellezza intrinseca della matematica. Attraverso le sue cifre infinite, ci invita a esplorare l'infinita complessità del nostro mondo e ci ispira a perseguire la scoperta con la stessa determinazione e passione dei grandi matematici e scienziati che ci hanno preceduto.

Con questo, chiudiamo il capitolo su π greco, ma il suo racconto continua. Siamo solo all'inizio della nostra avventura nell'affascinante mondo della matematica e della scienza, un mondo illuminato dalla costante presenza di numeri come π, che ci guidano attraverso i misteri e le meraviglie dell'universo.

# Capitolo 7: La teoria del caos

Continuando il nostro viaggio nella teoria del caos, ci immergiamo sempre più nelle profondità dei sistemi dinamici complessi e nell'intricato mondo dei numeri irrazionali. Questi numeri, come il celebre $\pi$, si rivelano fondamentali nel disegnare il quadro del caos e della sua comprensione.

I sistemi complessi, come abbiamo scoperto, sono estremamente sensibili alle variazioni iniziali delle condizioni. Il leggendario "effetto farfalla" è un esempio eloquente di questo fenomeno. Immaginiamo una farfalla che batte le ali in un remoto angolo del Brasile; questo apparentemente insignificante gesto può innescare una catena di eventi che, attraverso una serie di interazioni complesse, culmina nell'ascesa di un uragano in Texas. Il caos, quindi, risiede nelle sfumature apparentemente casuali di questi cambiamenti iniziali che si amplificano nel tempo.

I numeri irrazionali, quali $\pi$ ed $e$, diventano le chiavi di lettura di questo mondo. La loro natura peculiare, caratterizzata da una rappresentazione decimale infinita e non ripetitiva, li rende particolarmente adatti per la descrizione del caos. Infatti, anche la più piccola variazione in una di queste infinite cifre può generare un risultato completamente diverso. È come se ogni cifra, in ogni posizione, avesse un ruolo importante nel determinare il risultato finale, rendendo il sistema incredibilmente sensibile alle sue condizioni iniziali.

La relazione tra i numeri irrazionali e il caos non è limitata alla matematica astratta, ma si riflette anche in numerosi fenomeni naturali. Ad esempio, osserviamo la geometria dei cristalli, dove la disposizione di atomi e molecole segue modelli basati su costanti irrazionali. Oppure, scrutiamo le foglie su una pianta o le curve di una conchiglia e vediamo come la natura stessa intrecci questi numeri nel suo tessuto.

Queste connessioni profonde ci svelano un legame intrinseco tra la matematica e la natura, e dimostrano come i numeri, in particolare quelli irrazionali, siano uno strumento indispensabile per esplorare e comprendere il caos.

Ora, adentrarci nella natura del caos deterministico ci offre ulteriori visioni nella complessità dei sistemi dinamici. Anche quando un sistema è perfettamente deterministico, con regole chiare e prevedibili, la più piccola incertezza nelle misurazioni iniziali può catapultarlo in uno stato caotico. Questo ci dimostra che il caos non è necessariamente sinonimo di casualità; può emergere anche da una leggera imprecisione nelle nostre conoscenze iniziali.

Pensiamo nuovamente all' "effetto farfalla". Qui, non c'è alcun caso o casualità nel senso tradizionale, ma piuttosto una sensibilità straordinaria alle condizioni iniziali. È come se ogni piccola variazione iniziale fungesse da seme per la crescita di un albero di possibilità, ciascuno dei quali porta a un risultato completamente diverso. Questo ci sfida a considerare la nostra comprensione della causalità e ci invita a riconoscere che anche nei sistemi deterministici, il futuro può essere altamente incerto.

La teoria del caos, come abbiamo scoperto, ha profonde implicazioni in una vasta gamma di campi scientifici. Nella meteorologia, ad esempio, anche piccole variazioni nelle condizioni iniziali possono portare a previsioni meteorologiche drasticamente diverse. In economia, il caos può emergere da piccole fluttuazioni nei mercati finanziari, rendendo difficile prevedere il comportamento economico.

Tuttavia, è nella fisica, in particolare nella meccanica quantistica, che la teoria del caos si fonde con le sfumature più profonde della realtà. Qui, scopriamo che la fluttuazione quantistica, anch'essa deterministica ma fondamentalmente indeterminata, svolge un ruolo cruciale. Questa fluttuazione introduce una dimensione di incertezza nella misura delle variabili fisiche, portando a una non determinazione in alcuni aspetti del mondo quantistico.

La teoria del caos è intrinsecamente collegata alla meccanica quantistica, suggerendoci che il caos non è solo un'apparente casualità, ma una caratteristica essenziale della realtà.

Ma non finisce qui. Il caos si estende anche alla biologia, in particolare nell'evoluzione. L'evoluzione delle specie può essere vista come un processo caotico deterministico, dove piccole variazioni genetiche possono innescare enormi cambiamenti nel corso della storia della vita sulla Terra. Questo ci fa riflettere su come il caos possa essere una forza creativa nella natura stessa, plasmando la diversità della vita nel corso del tempo.

Mentre percorriamo questo capitolo affascinante nella nostra esplorazione della teoria del caos, teniamo presente che il caos è molto più di un semplice fenomeno casuale. È un riflesso della complessità intrinseca dei sistemi dinamici e della loro sensibilità alle variazioni. È una finestra attraverso cui possiamo guardare il tessuto stesso della realtà, sia essa deterministica o quantistica.

Il nostro viaggio nel caos ci ha svelato un mondo di numeri irrazionali, sistemi sensibili alle condizioni iniziali e un intreccio profondo tra matematica e natura. Ci ha mostrato come anche il minimo cambiamento iniziale può avere un impatto significativo sul futuro, e ci ha invitato a riconsiderare la nostra comprensione della casualità e della causalità.

Il caos è una forza creativa, una sorgente di imprevedibilità e, allo stesso tempo, una finestra attraverso cui scrutare le leggi nascoste che governano il nostro universo. Con il caos, sorgono nuove sfide e opportunità per la nostra comprensione della realtà, e il suo studio continua a ispirare e sfidare le menti di scienziati e appassionati di tutto il mondo. È una parte essenziale del nostro viaggio nella scoperta scientifica, una chiave che ci consente di sbloccare i segreti nascosti dei sistemi complessi che ci circondano.

Ma come possiamo procedere nella nostra esplorazione del caos? Come possiamo approfondire ulteriormente questa disciplina affascinante e complessa? Un passo avanti importante è la comprensione delle strutture nascoste nel caos, le cosiddette "strutture frattali".

Le strutture frattali sono uno dei concetti più affascinanti e intriganti della teoria del caos. Si presentano come figure geometriche complesse, le cui parti ritornano in scala, indipendentemente da quanto ci si avvicini o ci si allontani. Questo significa che all'interno di una struttura frattale, si possono trovare dettagli infinitamente complessi, e questo è uno dei motivi per cui i frattali sono spesso definiti come "bellezza infinita".

Un esempio classico di struttura frattale è il frattale di Mandelbrot, scoperto da Benoît B. Mandelbrot negli anni '80. Questo frattale si forma iterando semplici equazioni matematiche e visualizzando i risultati su uno schermo. Ciò che emerge è una figura complessa, con intricati dettagli che si ripetono all'infinito. Anche se ingrandiamo o riduciamo la visualizzazione, continueremo a scoprire dettagli sempre più minuti, in un viaggio infinito nella complessità.

I frattali non sono solo meraviglie matematiche, ma si trovano anche in molti aspetti della natura. Ad esempio, l'albero dei bronchi nei polmoni umani è un esempio di struttura frattale. Le sue ramificazioni si ripetono in scala, garantendo l'efficienza nel trasporto dell'ossigeno ai tessuti. Anche il profilo frastagliato delle coste, con le sue insenature e penisole, può essere considerato un tipo di struttura frattale.

Oltre a queste applicazioni tangibili, i frattali si presentano anche in molti sistemi dinamici complessi. La loro presenza sottolinea ancora una volta l'importanza dei numeri irrazionali nella teoria del caos, poiché questi numeri emergono spesso nelle equazioni che generano i frattali. Un'altra sfida affascinante nella nostra esplorazione del caos riguarda l'idea di "stranezza". I sistemi caotici possono mostrare un comportamento sorprendentemente strano e imprevedibile. Questa stranezza è spesso legata alla presenza di attrattori strani.

Gli attrattori strani sono insiemi di punti nello spazio delle fasi dei sistemi dinamici che attirano le traiettorie dei sistemi caotici. Questi punti possono avere forme molto intricate e complesse, spesso con dettagli che si ripetono in scala. L'attrattore strano più famoso è l'attrattore di Lorenz, scoperto da Edward Lorenz mentre studiava il comportamento delle equazioni meteorologiche.

L'attrattore di Lorenz ha la forma di una doppia elica tridimensionale, e il suo comportamento è altamente sensibile alle condizioni iniziali. Anche se due traiettorie iniziano molto vicine l'una all'altra, nel tempo si allontaneranno progressivamente, creando una danza caotica e imprevedibile.

Questa stranezza nei sistemi caotici rappresenta una sfida e un'opportunità per la nostra comprensione della realtà. Ci sfida a riconoscere che alcuni sistemi, anche se deterministici, possono essere così sensibili alle condizioni iniziali da sembrare imprevedibili.

Nel nostro viaggio nell'affascinante mondo del caos, abbiamo esplorato i numeri irrazionali, le strutture frattali e la stranezza dei sistemi caotici. Abbiamo visto come il caos possa emergere anche da sistemi deterministici, spingendoci a riflettere sulla complessità della realtà e sulla nostra capacità di comprenderla.

Ma il nostro viaggio non è ancora completo. La teoria del caos continua a sfidare e ispirare le menti di scienziati, matematici e appassionati di tutto il mondo. Ci offre una finestra attraverso cui possiamo guardare la complessità della natura e dei sistemi che ci circondano, invitandoci a esplorare ulteriormente le profondità del caos.

Così, mentre ci prepariamo a concludere questo capitolo della nostra esplorazione, portiamo con noi la consapevolezza che il caos è molto più di un semplice fenomeno casuale. È una forza creativa, una finestra nella realtà complessa che ci circonda e una chiave per comprendere le leggi profonde che governano il nostro universo. Continuando il nostro viaggio, rimaniamo affascinati e ispirati dal mistero del caos, pronti ad approfondire ulteriormente questa disciplina straordinaria.

Nel mondo affascinante e intricato della teoria del caos, una delle connessioni più intriganti è quella tra il caos stesso e il concetto di trinità dei numeri. Questa connessione si sviluppa come un filo sottile, intrecciando la comprensione del caos con la profondità dei numeri e delle loro relazioni matematiche. Ma come possono il caos e la trinità dei numeri interagire in un'armonia così straordinaria? Per esplorare questa connessione, dobbiamo prima comprendere cosa si intende per trinità dei numeri. I numeri possono essere suddivisi in tre categorie principali: i numeri naturali, i numeri interi e i numeri razionali. Questa triade costituisce la base della trinità numerica. I numeri naturali sono quelli che usiamo per contare gli oggetti: 1, 2, 3 e così via. I numeri interi includono sia i numeri naturali che i loro opposti, come -3, -2, -1, 0, 1, 2 e così via. I numeri razionali sono quelli che possono essere espressi come frazioni, come 1/2 o 3/4.

Ora, la connessione tra questa trinità numerica e la teoria del caos inizia a emergere quando esaminiamo l'entropia. L'entropia è una misura del disordine o della casualità in un sistema. In termini matematici, l'entropia può essere vista come una misura della nostra ignoranza sullo stato futuro di un sistema. Più alto è il livello di entropia, più disordine o caos si verifica nel sistema.

Ma cosa c'entrano i numeri con l'entropia e il caos?

La risposta risiede nella natura intrinseca dei numeri irrazionali, come $\pi$ ed $e$. Questi numeri irrazionali hanno una caratteristica affascinante: le loro rappresentazioni decimali non si ripetono mai e contengono un numero infinito di cifre. Questo significa che, anche se si conoscessero infinite cifre decimali di questi numeri, rimarrebbe sempre un grado di incertezza infinito nel calcolo esatto.

L'entropia, nella sua essenza, è collegata a questa incertezza. Quando trattiamo sistemi caotici, come il moto atmosferico o il comportamento del mercato azionario, dobbiamo confrontarci con una vasta complessità che è intrinsecamente legata alla trinità dei numeri. Le piccole variazioni iniziali, che possono essere rappresentate con numeri razionali o irrazionali, portano a un aumento dell'entropia in questi sistemi. In altre parole, anche una piccola discrepanza nelle cifre decimali di un numero può portare a una grande differenza nel comportamento futuro di un sistema caotico.

Ecco dove emerge l'entusiasmante connessione tra il caos e la trinità dei numeri. La trinità dei numeri rappresenta una triade di concetti matematici fondamentali, mentre il caos rappresenta una triade di comportamenti imprevedibili e complessi nei sistemi dinamici. Questi due mondi, inizialmente distanti, si intrecciano in una danza sinfonica di incertezza e variazione.

Immagina un sistema meteorologico globale, con tutti i suoi parametri e variabili, come un'enorme rete di equazioni matematiche. All'interno di questa rete, i numeri razionali e irrazionali svolgono un ruolo cruciale. Le variazioni più piccole nei dati iniziali, rappresentate da numeri irrazionali, si propagano attraverso il sistema e generano un aumento dell'entropia. Questo aumento dell'entropia può tradursi in eventi climatici imprevisti e inaspettati, come le tempeste che si formano apparentemente dal nulla o le variazioni estreme di temperatura.

Ma come può questa complessità matematica guidare la nostra comprensione del mondo naturale? Per rispondere a questa domanda, dobbiamo esaminare l'interazione tra il caos e l'universo stesso.

L'universo, nella sua vastità e complessità, è intriso di caos. Dai movimenti dei pianeti e delle stelle alle fluttuazioni nei campi magnetici delle galassie, il caos è una parte fondamentale dell'universo cosmico. Ma cosa ciò significa per la nostra comprensione dell'universo?

Immagina di osservare le stelle nel cielo notturno. Ogni punto di luce rappresenta una stella o una galassia, ognuna con la sua storia e il suo destino. Tuttavia, questa visione apparentemente statica nasconde il caos intrinseco all'universo. Ogni oggetto celeste è influenzato dalle forze gravitazionali di altri oggetti, dalle esplosioni stellari, dalle collisioni cosmiche e da molti altri eventi caotici. Il caos è come il vento invisibile che dà forma alle nuvole nel cielo notturno.

La trinità dei numeri entra in gioco quando cerchiamo

di descrivere e comprendere questo caos cosmico. Le leggi fisiche e matematiche che governano l'universo spesso coinvolgono numeri razionali e irrazionali. Questi numeri, con la loro infinita complessità, rappresentano il tessuto stesso del nostro universo.

Ad esempio, considera la teoria delle onde gravitazionali di Einstein. Questa teoria descrive come la gravità si diffonde attraverso lo spazio-tempo, creando onde che si propagano attraverso l'universo. Le equazioni di Einstein coinvolgono costanti matematiche che includono numeri razionali e irrazionali. Questi numeri non sono semplici dettagli matematici, ma sono fondamentali per la comprensione di come funzionano le onde gravitazionali e come influenzano la struttura dell'universo stesso.

Inoltre, la trinità dei numeri gioca un ruolo cruciale nella teoria del caos quando si tratta di predire il futuro dell'universo. Poiché l'universo è un sistema dinamico complesso, piccole variazioni nei dati iniziali possono portare a risultati completamente diversi. Questa è la manifestazione dell'effetto farfalla su scala cosmica. E dietro queste variazioni ci sono numeri, infiniti numeri, che delineano la trama intricata del caos cosmico.

L'entropia, che è una misura dell'incertezza e del disordine in un sistema, è anche strettamente legata alla trinità dei numeri nel contesto del caos cosmico. Più alto è il livello di entropia, più complessi diventano i modelli matematici necessari per descrivere l'universo. Questi modelli coinvolgono spesso numeri irrazionali, che aggiungono un ulteriore strato di intricata complessità.

Ma come possiamo navigare attraverso questo mare di complessità e caos? La risposta risiede nella potenza della matematica e nella nostra capacità di comprendere le connessioni tra la trinità dei numeri, l'entropia e il caos cosmico. Mentre l'universo può sembrare caotico e imprevedibile, è intriso di un ordine matematico sottostante che possiamo esplorare e comprendere.

La teoria del caos e la trinità dei numeri ci ricordano che l'universo è un luogo di meraviglia e mistero, ma anche di ordine e struttura matematica. È attraverso l'arte della matematica che possiamo svelare i segreti dell'universo e comprendere il ruolo dei numeri irrazionali nella danza cosmica del caos.

In conclusione, la teoria del caos ci offre una finestra affascinante sulla complessità e l'incertezza del nostro mondo, mentre la trinità dei numeri aggiunge una dimensione matematica profonda a questa comprensione. Il caos cosmico è una realtà in cui piccole variazioni possono portare a risultati sorprendenti, e questa è una lezione che possiamo applicare non solo alla scienza, ma anche alla nostra comprensione dell'universo e del nostro ruolo in esso. In questa danza tra il caos e i numeri, scopriamo la bellezza e l'armonia nascoste dietro l'apparente casualità del nostro mondo.

Nel cuore di questa affascinante teoria, si cela una danza complessa tra numeri, caos e ordine. È come osservare un intricato fiocco di neve che si forma delicatamente nell'aria gelida dell'inverno. Ogni cristallo di ghiaccio è unico, con i suoi rami intricati e simmetrie sorprendenti. La teoria del caos ci rivela che anche nell'apparente disordine della natura, c'è una bellezza e un ordine nascosto.

Partiamo dall'idea che anche i sistemi più deterministici e prevedibili possono diventare caotici a causa di piccole perturbazioni iniziali. È come il lieve battito d'ali di una farfalla in Brasile che scatena un uragano in Texas. Questa è l'essenza stessa dell'effetto farfalla, una delle manifestazioni più sorprendenti della teoria del caos.

Ora, immergiamoci nei numeri. I numeri irrazionali, come il famoso $\pi$ (pi greco), sono parte integrante di questa teoria. Sono numeri che non si ripetono mai, che si estendono all'infinito con una sequenza apparentemente casuale di cifre. Tuttavia, anche una piccola variazione in una di queste cifre può portare a risultati completamente diversi. È come se ogni cifra di $\pi$ fosse una piccola farfalla che contribuisce al caos matematico.

Ma $\pi$ è solo l'inizio. Il numero di Feigenbaum, con il suo valore enigmatico di circa 4,66920160910299067185320382157 8, fa la sua apparizione. Questo numero è un pilastro nella descrizione della transizione al caos in una serie di equazioni. È come una nota misteriosa in una sinfonia matematica.

I numeri frattali sono un altro elemento cruciale. Questi numeri mostrano un'autosomiglianza sorprendente su diverse scale. Immagina di ingrandire una parte di un frattale, e scoprirai che essa contiene una replica esatta del tutto. Questa autosomiglianza si riflette nei fenomeni naturali complessi, come le fratture nelle rocce o i contorni delle nuvole. È come se la natura stessa danzasse al ritmo dei frattali.

E non possiamo dimenticare il numero e, la base dell'esponenziale naturale. Questo numero è il limite di $(1 + 1/n)^n$ quando n tende all'infinito. È un numero che emerge in molti contesti, dalla crescita di una popolazione alla diffusione di un'epidemia. È come una costante presenza nei fenomeni naturali, un battito costante nel cuore del caos.

Ogni equazione nella teoria del caos è una nota nella sinfonia matematica del caos. Queste equazioni sono spesso non lineari, sfuggono alla semplice linearità e aprono la porta a comportamenti sorprendenti e imprevedibili. Sono le note che compongono una musica matematica che definisce il nostro mondo.

Il caos è parte integrante della natura, ed è soprattutto evidente nel sistema atmosferico. Il clima è un esempio classico di sistema caotico, in cui piccole variazioni nelle condizioni iniziali possono portare a previsioni del tempo completamente diverse. Il battito d'ali di una farfalla nel Pacifico può influenzare le condizioni meteorologiche di New York. È come una sinfonia meteorologica in cui ogni variazione è una nota che contribuisce all'armonia caotica.

E poi c'è la biforcazione periodica, un punto critico in cui un sistema passa da un comportamento ordinato a uno caotico attraverso un numero specifico di cicli. Questo è come il climax in una composizione musicale, il momento in cui tutto cambia, passando da una melodia ordinata a un crescendo caotico.

Il caos è ovunque nella natura. Le onde dell'oceano, il movimento delle stelle nel cielo notturno, la crescita delle popolazioni animali, tutti seguono leggi caotiche. Anche i fenomeni sociali e economici, come l'andamento dei mercati finanziari, sono soggetti al caos. È come se l'universo danzasse al ritmo di una musica caotica, una danza eterna di ordine e disordine.

Ma la bellezza del caos sta nella sua comprensione. È come imparare a leggere una partitura musicale intricata. Possiamo navigare attraverso il caos, cercando modelli e connessioni tra le note. I numeri sono la chiave di questa partitura. Sono i segni musicali che ci guidano attraverso la danza del caos.

L'entropia è un altro concetto importante. Rappresenta l'incertezza e il disordine in un sistema. Più alta è l'entropia, più complessi diventano i modelli matematici necessari per descrivere il sistema. Questi modelli spesso coinvolgono numeri irrazionali, aggiungendo un altro strato di intricata complessità alla danza del caos.

Ma come possiamo utilizzare questa conoscenza? Come possiamo applicare la teoria del caos nella nostra comprensione del mondo? La risposta sta nell'arte della matematica.

Nel mondo finanziario, ad esempio, la teoria del caos è stata utilizzata per cercare di prevedere le fluttuazioni dei mercati. È come cercare di trovare un ritmo nella danza imprevedibile dei prezzi delle azioni.

In meteorologia, la teoria del caos ha migliorato notevolmente le previsioni del tempo. È come cercare di anticipare il prossimo passo nella coreografia complessa delle condizioni meteorologiche.

Nell'ingegneria, il caos è stato utilizzato per progettare sistemi complessi come motori a reazione e turbine eoliche. È come cercare di trovare un equilibrio nella danza delle forze e delle reazioni.

E in campo artistico, artisti e musicisti hanno abbracciato il caos per creare opere uniche e sorprendenti. È come dipingere con le note musicali in una tela caotica di possibilità infinite.

Intrigante è il connubio tra la teoria del caos e l'intelligenza artificiale (IA). Qui, le reti neurali, simili a complessi schemi coreografici di connessioni artificiali, entrano in gioco. Le reti neurali sono capaci di riconoscere pattern e rispondere a domande specifiche, ma la loro stabilità può diventare precaria quando addestrate con enormi quantità di dati. La teoria del caos ha portato all'evoluzione di algoritmi di apprendimento basati su reti neurali caotiche, dove l'instabilità è trasformata in un vantaggio. Questi algoritmi sono in grado di riconoscere pattern con una precisione maggiore, spingendo i confini dell'IA. È come se l'IA stesse ballando una danza caotica ma incredibilmente precisa.

La teoria del caos si estende ben oltre il mondo della matematica e della scienza. Ha un impatto profondo sulla nostra comprensione della complessità del mondo naturale e delle dinamiche dei sistemi che ci circondano. Rivela un lato oscuro, ma allo stesso tempo affascinante, della natura che può sembrare caotico e imprevedibile.

Nel campo dell'energia e delle telecomunicazioni, dove le fluttuazioni casuali possono influenzare la trasmissione dei dati, la comprensione del caos è fondamentale. È come cercare di sintonizzarsi su una stazione radio in una notte di tempesta, dove il segnale può diventare caotico e sfuggente.

Nel mondo dei materiali innovativi, la teoria del caos può essere utilizzata per progettare nuovi materiali con proprietà uniche. È come creare una nuova tela su cui dipingere la bellezza del caos.

E nell'ambito della scienza della mente, la teoria del caos offre uno sguardo più profondo nei meandri della creatività umana e dei processi di pensiero. È come esplorare il labirinto della mente umana, dove ogni pensiero è una nota in una sinfonia mentale caotica ma sorprendentemente ordinata.

Infine, nell'arte e nella creatività, il caos può ispirare

nuove forme di espressione. È come dipingere con colori che danzano al ritmo del caos o comporre melodie che seguono le regole misteriose del caos matematico.

In conclusione, la teoria del caos è molto più di un'osservazione scientifica. È una finestra aperta sulla bellezza nascosta dell'universo, una sinfonia matematica che danza tra numeri, caos e ordine. È un invito a esplorare il mondo con occhi diversi, a vedere l'armonia nel disordine e a cercare modelli nella complessità. È una danza eterna di possibilità infinite, una danza che continua a sorprenderci e a ispirarci in ogni suo movimento. E così, mentre contempliamo la complessità della teoria del caos, possiamo solo chiederci quale sarà la prossima nota nella sua sinfonia.

# Capitolo 8: Numeri e Spiritualità - Alla Ricerca dell'Armonia Universale

Nel nostro viaggio alla scoperta della connessione tra numeri e spiritualità, ci troviamo ora di fronte a una prospettiva ancora più profonda e affascinante. Oltre alle tradizioni religiose e alle pratiche spirituali, i numeri si rivelano essere la lingua segreta dell'universo, una chiave per svelare l'armonia nascosta che permea ogni aspetto della creazione.

In molte culture antiche, la comprensione della matematica e dei numeri era vista come una via per comprendere l'armonia dell'universo. Pitagora, uno dei più famosi matematici e filosofi dell'antichità, credeva che i numeri fossero la base della realtà. Per lui, tutto poteva essere ridotto a relazioni numeriche e proporzioni armoniche. La sua celebre scoperta, il teorema di Pitagora, dimostrava l'importanza dei numeri interi nelle relazioni geometriche e musicali.

La musica è un altro campo in cui la connessione tra numeri e spiritualità è evidente. La teoria musicale si basa su proporzioni numeriche che determinano le frequenze delle note e le armonie. Ad esempio, il rapporto tra le lunghezze delle corde di un violino determina le note che il violino può produrre. Queste proporzioni sono spesso descritte da numeri interi, creando così un legame diretto tra matematica e musica. I numeri diventano così l'essenza stessa delle melodie che catturano le emozioni e collegano l'anima alla bellezza dell'universo.

Nella natura, i numeri emergono come una sorta di codice segreto che governa la simmetria e l'armonia delle forme. La spirale di Fibonacci, ad esempio, è una sequenza matematica che si trova in molte strutture naturali, come conchiglie, girasoli e persino nelle galassie. Questa sequenza è generata sommando i due numeri precedenti (1, 1, 2, 3, 5, 8, 13, ...) e appare misteriosamente in molte espressioni della natura. La sua presenza suggerisce un ordine nascosto, una matematica segreta che guida la crescita e la forma degli organismi viventi e dei corpi celesti.

Nella fisica teorica, i numeri giocano un ruolo fondamentale nella ricerca dell'armonia dell'universo. Teorie come la teoria delle stringhe si basano su equazioni matematiche complesse in cui i numeri diventano le chiavi per svelare la struttura profonda della realtà. La costante di struttura fine, che è una combinazione di numeri fondamentali come la carica dell'elettrone e la velocità della luce, è un esempio di come i numeri siano intrinsecamente legati alle leggi fondamentali dell'universo.

Ma cosa succede quando ci spostiamo dal mondo

esterno a quello interiore? Anche qui, i numeri rivelano il loro potere. Nella psicologia e nella filosofia, l'archetipo del "sé", secondo il famoso psicoanalista Carl Gustav Jung, è spesso rappresentato come un cerchio diviso in quattro parti, una rappresentazione dell'unità e della totalità attraverso i numeri. Jung credeva che i numeri avessero un'influenza profonda sulla psiche umana e che potessero servire come chiave per l'auto-scoperta e la comprensione del nostro vero io.

Nel campo dell'astrologia, un altro sistema di conoscenza che trae ispirazione dai numeri, le carte natali sono calcolate utilizzando numeri significativi come data e ora di nascita. Questi numeri influenzerebbero il nostro destino e la nostra personalità, offrendo una finestra sulla nostra connessione con l'universo.

Tuttavia, nonostante la profonda influenza dei numeri sulla spiritualità e sulla comprensione dell'universo, è importante ricordare che la loro vera natura rimane un mistero. I numeri sono una lingua che parla alle profondità dell'anima umana, una lingua che ancora non comprendiamo completamente.

In conclusione, la connessione tra numeri e spiritualità è una dimensione straordinaria del nostro mondo. I numeri sono il filo conduttore che collega la mente umana all'essenza dell'universo, una chiave per svelare l 'armonia nascosta che permea ogni aspetto della creazione. Sono il ponte tra il tangibile e l'intangibile, tra il misurabile e l'imponderabile.

L'antica pratica della meditazione numerica è un esempio di come i numeri possano essere utilizzati per esplorare l'interno di sé e connettersi con il divino. In questa pratica, un individuo può concentrarsi su un numero specifico, come il famoso "3" nella spiritualità cristiana o il "7" nelle tradizioni esoteriche. Questo numero diventa un portale verso una profonda riflessione e contemplazione, aprendo la mente a nuove intuizioni e consapevolezze.

La numerologia, la disciplina che cerca di scoprire significati nascosti nei numeri, è un altro strumento utilizzato per esplorare il rapporto tra numeri e spiritualità. Questa pratica attribuisce significati specifici a numeri o combinazioni di numeri, come il "7" che spesso rappresenta la perfezione o il "12" che può simboleggiare la completezza. Le persone si rivolgono alla numerologia per ottenere una visione più profonda di sé stesse e delle loro vite, sperando di trovare un percorso spirituale più chiaro.

Inoltre, i numeri hanno influenzato l'arte e l'architettura sacra in tutto il mondo. La Geometria Sacra, ad esempio, è un sistema di design basato su proporzioni numeriche e forme geometriche che si ritiene abbiano significati spirituali profondi. L'architettura di molte antiche cattedrali e templi è stata progettata utilizzando queste proporzioni, creando così luoghi di culto che emanano un'energia e una spiritualità tangibili.

Nel mondo delle religioni misteriche, come la Massoneria, i numeri sono usati in modo simbolico per rappresentare concetti spirituali. La Massoneria, ad esempio, fa ampio uso del numero "33", che rappresenta la massima elevazione spirituale. Questo numero è spesso associato al grado più alto all'interno dell'organizzazione, simboleggiando la ricerca dell'illuminazione spirituale.

Ma cosa c'è dietro questa connessione tra numeri e spiritualità? Perché i numeri sembrano avere un potere così profondo di comunicare significati e verità spirituali?

Una possibile risposta risiede nell'idea che i numeri rappresentino un linguaggio universale. Indipendentemente dalla cultura o dalla tradizione, i numeri sono gli stessi ovunque. Il numero "1" rappresenta l'unità ovunque nel mondo. Il "3" è spesso associato a una trinità o a una triade divina. Questa universalità rende i numeri un mezzo di comunicazione potente e accessibile a tutti.

Inoltre, i numeri sono astratti, eppure possono essere rappresentati in modi tangibili. Possiamo vedere il numero "3" scritto su carta o scolpito in pietra. Questa dualità tra astratto e tangibile riflette la stessa natura dell'universo, che ha sia dimensioni misurabili che aspetti ineffabili. I numeri ci permettono di navigare tra queste dimensioni con facilità.

Infine, i numeri sono ordine. Essi portano struttura e significato al caos dell'esistenza umana. Nella ricerca di significato e scopo nella vita, i numeri possono offrire un quadro di riferimento, un modo per dare senso alle esperienze e alle sfide che incontriamo.

In conclusione, la connessione tra numeri e spiritualità è una ricerca senza fine. I numeri sono come le stelle nel cielo notturno, ciascuno con la sua luce e il suo significato unico. Attraverso la storia, attraverso le culture e attraverso le esperienze individuali, i numeri ci hanno guidato verso una comprensione più profonda del nostro mondo e di noi stessi. Sono il linguaggio segreto dell'universo, e la loro bellezza risiede nel fatto che c'è sempre qualcosa di nuovo da scoprire, qualcosa di nuovo da imparare dalla loro saggezza silenziosa. La prossima volta che guarderete un numero, fermatevi un momento e

chiedetevi: quale segreto cela? Quali verità può rivelare?
I numeri sono molto più di semplici cifre; sono le chiavi
per aprire le porte della conoscenza e della spiritualità
universale.

Il connubio tra numeri e spiritualità è un affascinante
viaggio attraverso le profondità delle culture e delle
tradizioni antiche. È un mondo in cui i numeri non sono
semplici cifre, ma portatori di significati profondi e
misteriosi, una lingua segreta dell'universo che parla alla
nostra anima.

In quest'avventura, i numeri diventano simboli di
connessione tra l'uomo e il divino, una chiave per aprire
le porte della comprensione cosmica. Questo legame tra
numeri e spiritualità è stato tramandato attraverso secoli e
culture diverse, gettando le basi per la nostra
comprensione moderna della relazione tra il mondo fisico
e quello metafisico.

Nel cuore dell'induismo, uno dei più antichi sistemi
spirituali conosciuti, i numeri sono intrecciati con la
stessa essenza della realtà. L'Uno, rappresentando
l'assoluto, è il Brahman, la forza suprema che permea
tutto l'universo. È l'origine e la fine, il principio e la fine
di ogni cosa. Il Due rappresenta la dualità, la percezione
di separazione tra l'individuo e il divino, una barriera da
superare per giungere alla consapevolezza dell'Uno. È la
danza eterna tra l'individuo e il divino, una ricerca
spirituale di unità. Il Tre simboleggia la trinità di
Brahma, Vishnu e Shiva, le tre forze che governano
l'universo. È la danza divina della creazione, della
conservazione e della distruzione, un ciclo eterno di
rinascita. Il Quattro, invece, rappresenta le quattro
stagioni, le quattro direzioni e le quattro vedas, i testi

sacri dell'induismo. È l'armonia tra l'uomo e la natura, una connessione con il ritmo ciclico della vita. Il Sette, infine, è associato ai sette chakra, i centri energetici del corpo. Sono i punti di connessione tra l'individuo e l'universo, la chiave per sbloccare il potenziale spirituale.

Nel buddismo, un'altra antica tradizione, i numeri hanno un ruolo centrale. L'Otto Nobile Sentiero rappresenta gli otto passi necessari per raggiungere l'illuminazione, una guida per liberare l'anima dalle sofferenze del mondo materiale. Il Quattro Nobili Verità è il fondamento della dottrina buddista, un quadro per comprendere la natura della sofferenza e come superarla. Il Tre Santuari rappresenta la Buddhità, il Dharma e la Sangha, le tre componenti essenziali della pratica buddista. Sono le fondamenta su cui si costruisce il cammino verso l'illuminazione.

Nel cristianesimo, il numero tre risuona come la trinità di Dio Padre, Figlio e Spirito Santo. È il mistero dell'unità nella diversità, una riflessione dell'armonia divina. Il Sette, con i suoi sette sacramenti e i sette doni dello Spirito Santo, rappresenta la perfezione e la pienezza. Il Dodici simboleggia i dodici apostoli, i pilastri su cui si basa la chiesa cristiana. È la fondazione su cui si erige la fede.

Anche nell'islam, i numeri sono di profonda importanza. Il Numero Uno rappresenta l'unità di Dio, la fede in un solo Dio, il principio fondamentale dell'islam. Il Numero Due riflette la dualità tra il bene e il male, una lotta eterna tra le forze dell'oscurità e della luce. Il Cinque rappresenta le cinque preghiere quotidiane, un legame costante tra il credente e Dio. Il Sette è associato ai sette cieli, simbolo della perfezione divina, e ai sette peccati capitali, sfide da superare per raggiungere la purezza dell'anima.

Oltre alle tradizioni religiose, i numeri hanno un ruolo centrale anche in pratiche spirituali come la numerologia. Questa disciplina cerca di svelare significati nascosti nei numeri associati a una persona, una data o un evento. Si crede che i numeri abbiano una vibrazione energetica che influenzi la vita delle persone, una sorta di linguaggio segreto dell'universo.

Ma i numeri sono molto di più di simboli e cifre; sono anche una guida per la meditazione, la concentrazione e la contemplazione. Nella pratica dello yoga, alcune posizioni sono associate a numeri specifici e vengono eseguite in un ordine preciso, creando un flusso di energia armonico.

In sintesi, i numeri e la spiritualità sono intrecciati in una danza eterna di significato e comprensione. Sono le note di una sinfonia cosmica, una melodia che ci collega al divino. Sono il linguaggio segreto dell'universo, una lingua che parla all'anima. Nel loro mistero, troviamo un ponte tra il mondo fisico e quello metafisico, un sentiero per la comprensione più profonda dell'esistenza.

Questo capitolo ci ha portato attraverso le antiche tradizioni spirituali, svelando la bellezza dei numeri come veicolo per esplorare l'infinità dell'universo e la profondità della nostra anima. Mentre contempliamo questa connessione tra numeri e spiritualità, possiamo solo meravigliarci di quanto sia profonda e complessa la nostra comprensione del mondo che ci circonda. E così, continuiamo il nostro viaggio alla ricerca di nuove chiavi per aprire le porte dell'ignoto, guidati dalla danza eterna dei numeri e dalla loro melodia segreta.

Il rapporto tra i numeri e la spiritualità si snoda come

un intricato labirinto attraverso le diverse culture e le epoche storiche. Esploriamo questo affascinante intreccio che unisce il mondo tangibile della matematica all'intangibile dimensione dell'anima umana.

### Il Viaggio nei Numeri e nella Spiritualità

Nel cuore delle tradizioni spirituali, i numeri assumono un significato profondo. Da millenni, sono stati considerati come veicoli per comprendere l'essenza del cosmo e della vita stessa. Questo viaggio nei numeri e nella spiritualità inizia con un'occhiata alle antiche culture.

### L'Antica Sabiduria dei Numeri

Intrigante è il fatto che culture antiche come l'induismo abbiano attribuito significati profondi ai numeri. L'Uno, ad esempio, rappresenta l'assoluto, il Brahman, la realtà ultima che permea tutto l'universo. Il Due simboleggia la dualità, che deve essere superata per raggiungere la consapevolezza dell'Uno. Il Tre rappresenta la trinità di Brahma, Vishnu e Shiva, le forze che governano l'universo. Il Quattro, invece, abbraccia le quattro stagioni, le quattro direzioni e le quattro Vedas, testi sacri dell'induismo. Infine, il Sette si collega ai sette chakra, i centri energetici del corpo, che devono essere aperti e bilanciati per raggiungere l'illuminazione.

Nel buddismo, i numeri hanno un ruolo altrettanto essenziale. L'Otto Nobile Sentiero rappresenta gli otto passi per l'illuminazione, mentre le Quattro Nobili Verità costituiscono il fondamento della dottrina buddista. Il Tre Santuari rappresenta la Buddhità, il Dharma e la Sangha, le tre componenti principali del buddismo.

### I Numeri nel Cristianesimo

Il cristianesimo non è da meno quando si tratta di numeri simbolici. Il Tre incarna la trinità di Dio Padre,

Figlio e Spirito Santo, mentre il Sette riflette sia i sette sacramenti che i sette doni dello Spirito Santo. Il Dodici, infine, richiama i dodici apostoli e le dodici tribù di Israele. Questi numeri non sono semplici cifre, ma portano con sé un significato profondo che arricchisce la comprensione della fede cristiana.

Nell'islam, i numeri giocano un ruolo altrettanto centrale. L'Uno simboleggia l'unità di Dio, mentre il Due rappresenta la dualità tra il bene e il male. Il Cinque, invece, sottolinea le cinque preghiere quotidiane, mentre il Sette abbraccia i sette cieli e i sette peccati capitali.

### L'Arte Nascosta della Numerologia

Oltre alle tradizioni religiose, la numerologia è una pratica che si è diffusa ampiamente. Essa si basa sull'attribuzione di significati ai numeri e sulla loro interpretazione nella vita di una persona. Attraverso la numerologia, è possibile comprendere meglio se stessi, le proprie tendenze e gli aspetti della vita che ci circonda.

### Il Mistero della Numerologia

La pratica della numerologia può essere utilizzata come uno specchio che riflette l'anima. Uno dei suoi aspetti più affascinanti è la sua capacità di rivelare sfumature nascoste della personalità. Attraverso il significato dei numeri, la numerologia offre una chiave per comprendere più a fondo chi siamo.

### Pitagora: Il Filosofo dei Numeri

Pensando a coloro che hanno plasmato la nostra comprensione dei numeri e della spiritualità, non possiamo fare a meno di menzionare Pitagora. Questo matematico e filosofo greco credeva che tutto nell'universo fosse intriso di numeri e che il loro studio potesse condurci alla comprensione dell'universo stesso. La sua filosofia ha influenzato in modo duraturo molte tradizioni spirituali e viene ancora studiata e applicata oggi.

## Il Legame tra Numeri e Musica

Un altro affascinante campo di esplorazione è il legame tra numeri e musica. La sequenza di Fibonacci, una successione di numeri in cui ciascun numero è la somma dei due precedenti (1, 1, 2, 3, 5, 8, 13, 21, 34, ecc.), si rivela spesso nella disposizione delle foglie su un ramo, nei petali di un fiore, ma anche nella musica e nell'arte. Questa sequenza, conosciuta anche come "natura matematica", ci offre un'ulteriore prova di come i numeri permeino sottilmente il nostro mondo.

## La Nascita dei Numeri e della Matematica

Mentre contempliamo questa affascinante interconnessione tra numeri e spiritualità, non possiamo fare a meno di riflettere sulla nascita stessa dei numeri e della matematica. L'umanità ha iniziato a contare oggetti e animali fin dai primordi, quando la caccia e la raccolta rappresentavano le attività quotidiane essenziali. Successivamente, l'agricoltura e il commercio hanno richiesto numeri sempre più complessi, portando alla creazione di sistemi numerici più sofisticati.

## Antiche Civiltà e Scoperte Matematiche

Le prime forme di matematica emersero in diverse civiltà antiche, come quella egizia, babilonese e indiana. I babilonesi svilupparono un sistema numerico posizionale basato su 60 e inventarono la divisione del cerchio in 360 gradi. Gli antichi indiani, invece, perfezionarono il sistema numerico posizionale a base 10 e contribuirono allo sviluppo dell'aritmetica e dell'algebra.

La Grecia antica vide la matematica come un mezzo per svelare i segreti della natura e dell'universo. Pitagora, uno dei filosofi più influenti di tutti i tempi, sviluppò la teoria dei numeri

e insegnò che il mondo intero era permeato da principi numerici. La sua scuola, nota come la Scuola Pitagorica, riteneva che i numeri avessero un significato sacro e divino, una chiave per la comprensione dell'ordine universale.

Platone, un altro grande filosofo greco, considerava la geometria come la scienza degli oggetti immutabili e perfetti. Questi oggetti perfetti erano rappresentati da numeri e forme geometriche. Le sue idee contribuirono a gettare le basi per una profonda connessione tra matematica e filosofia, un legame che avrebbe influenzato generazioni future.

### Il Rinascimento e l'Epoca d'Oro della Matematica

Il Rinascimento segnò un'altra tappa importante nella storia della matematica e della sua interazione con la spiritualità. Figure come Leonardo Fibonacci e Galileo Galilei brillarono in questo periodo. Fibonacci, noto per la sequenza matematica che porta il suo nome, contribuì notevolmente all'introduzione dei numeri indiani in Europa, rivoluzionando la matematica occidentale. Galileo Galilei, d'altra parte, si distinse nella fisica, dimostrando l'importanza della matematica nel comprendere il mondo fisico.

### Il Novecento e l'Esplosione della Conoscenza Matematica

Nel ventesimo secolo, la matematica subì una crescita esplosiva, spinta dall'uso dei computer e dalla creazione di nuovi rami della matematica come la teoria dei numeri e la teoria dei giochi. Questi progressi aprirono nuovi orizzonti nell'applicazione pratica dei numeri, ma mantennero anche il loro legame con la spiritualità e la filosofia.

## La Numerologia: La Scienza dei Numeri nell'Esplorazione dell'Anima

La numerologia, che studia i significati nascosti dei numeri e la loro influenza nella vita di una persona, è una pratica che ha antiche radici spirituali. Offre un modo affascinante per esplorare la connessione tra matematica e spiritualità. Attraverso la numerologia, è possibile scoprire aspetti profondi della propria personalità e del proprio destino.

### La Numerologia nell'Arte e nella Musica

L'arte e la musica sono altri campi in cui i numeri rivelano la loro influenza. Artisti e musicisti hanno utilizzato principi matematici, come la proporzione aurea, per creare opere di straordinaria bellezza e armonia. Questi principi sono spesso nascosti agli occhi del pubblico, ma sono intrinsecamente presenti in opere d'arte e composizioni musicali che hanno resistito alla prova del tempo.

### La Numerologia Biblica: Un Viaggio nell'Antichità

La Bibbia stessa è una fonte inesauribile di numeri e simboli. Il Sette, ad esempio, rappresenta la perfezione divina e la completezza, evocando la creazione del mondo in sette giorni. Questo numero sacro si ripresenta nei sette giorni della settimana, nelle sette virtù e nei sette peccati capitali. Ma la Bibbia va oltre, usando numeri simbolici come il Dodici, che richiama l'unità perfetta, come rappresentato dai dodici apostoli o dalle dodici tribù di Israele.

La numerologia biblica ha anche influito sulla Cabala ebraica, una tradizione mistica che si basa sull'interpretazione dei testi sacri attraverso l'analisi numerica. In questa tradizione, i numeri sono considerati simboli di forze spirituali, e le parole e le lettere ebraiche sono assegnate a numeri specifici per rivelare significati nascosti nei testi sacri.

## La Numerologia e l'Antica Cultura

L'importanza dei numeri nella Bibbia può essere attribuita alla cultura antica in cui venne scritta. In quei tempi, i numeri erano spesso considerati entità divine, e la loro presenza in eventi o nella vita quotidiana era vista come un segno della presenza divina. Questa prospettiva ha gettato le basi per l'importanza dei numeri nella cultura e nella spiritualità occidentale.

## Conclusioni: La Sinfonia dei Numeri e della Spiritualità

In sintesi, il rapporto tra numeri e spiritualità è un viaggio affascinante attraverso la storia umana. Dai misteri dell'antichità all'esplosione della conoscenza matematica nel ventesimo secolo, i numeri hanno svolto un ruolo profondo nella nostra comprensione del mondo e di noi stessi. La numerologia offre uno specchio per esplorare l'anima umana, mentre l'arte e la musica rivelano la presenza dei numeri nell'espressione creativa. La Bibbia e altre antiche scritture continuano a trasmettere la loro saggezza numerica, influenzando la cultura e la spiritualità.

Oggi, il legame tra numeri e spiritualità rimane una fonte di ispirazione per coloro che cercano di scoprire il significato più profondo della vita e dell'universo. La matematica può essere vista come una lingua segreta dell'universo, una lingua che parla attraverso i numeri e ci guida nella nostra continua ricerca di verità, saggezza e armonia universale. Mentre guardiamo avanti verso il futuro, i numeri continueranno a intrecciare la nostra esplorazione del mondo, sia nell'ambito delle scienze e delle tecnologie avanzate che nella ricerca spirituale.

## La Costante Presenza dei Numeri

I numeri sono costantemente presenti nelle nostre vite, dall'orologio che scandisce il tempo alla data di nascita che ci identifica univocamente. Tuttavia, oltre a servire scopi pratici, i numeri agiscono come fili invisibili che connettono la matematica alla nostra coscienza. Questo connubio tra l'astratto mondo matematico e la ricca dimensione spirituale è un inestimabile tesoro per chiunque desideri comprendere appieno la complessità della vita.

## L'Universo dei Numeri e della Spiritualità

In definitiva, l'universo dei numeri e della spiritualità si estende oltre le cifre e le formule. Essi sono la chiave per aprire le porte della percezione, per esplorare la natura dell'esistenza e per scoprire la bellezza nascosta nell'ordine universale. Attraverso i numeri, le culture e le tradizioni spirituali di tutto il mondo hanno cercato di rivelare il mistero dell'esistenza e di trovare un senso più profondo alla vita.

Questo affascinante viaggio nei numeri e nella spiritualità ci insegna che non esiste separazione tra scienza e spiritualità, ma piuttosto una profonda interconnessione tra di esse. I numeri sono il linguaggio segreto dell'universo, e la loro comprensione ci apre a una visione più ampia e profonda del nostro posto nel mondo.

In conclusione, i numeri non sono solo strumenti matematici freddi e oggettivi; sono anche portatori di significato e mistero. Essi sono il ponte tra il mondo fisico e quello spirituale, un filo conduttore che ci guida nell'esplorazione della nostra esistenza e nell'approfondimento della nostra connessione con l'universo. Mentre continuiamo il nostro percorso di scoperta e crescita, i numeri ci accompagnano come compagni silenziosi ma potenti, pronti a rivelare i segreti dell'universo e dell'anima umana.

# Capitolo 9: La Numerologia Tra Divinazioni, Pronostici e Scienza

La numerologia è un campo di studio affascinante e controverso che ha radici antiche e si è evoluto in molteplici direzioni nel corso dei secoli. Questo capitolo esplorerà il ruolo della numerologia nella società moderna, dalle divinazioni ai pronostici per la lotteria, dalle bufale alle previsioni scientifiche, dalle pratiche astrologiche alla numerologia dei cartomanti e delle fattucchiere. Scopriremo come la numerologia abbia affascinato, ingannato, ispirato e confuso le persone nel corso della storia e come sia ancora una parte significativa della nostra cultura contemporanea.

## Le Divinazioni Numerologiche

La numerologia è spesso associata alle pratiche divinatorie, in cui i numeri vengono utilizzati per prevedere eventi futuri o per ottenere insight sulla personalità e il destino di un individuo. Numerosi sistemi di divinazione numerologica esistono in tutto il mondo, ognuno con le proprie credenze e pratiche.

Uno dei sistemi più noti è l'astrologia, che utilizza la data di nascita di una persona per calcolare il suo "numero fortunato" o il suo "segno astrologico". Secondo l'astrologia, il momento della nascita influenza la personalità e il destino di un individuo. Tuttavia, la validità scientifica dell'astrologia è stata ampiamente messa in discussione, e molti la considerano una pseudoscienza.

Altri sistemi di divinazione numerologica includono la numerologia pitagorica, che assegna significati specifici ai numeri sulla base di calcoli derivati dal nome e dalla data di nascita di una persona. I tarocchi, un sistema di lettura delle carte, utilizzano anche numeri e simboli per fornire insight e previsioni.

È importante sottolineare che gran parte delle pratiche di divinazione numerologica manca di validità scientifica ed è spesso vista con scetticismo da parte della comunità scientifica. Mentre molte persone credono nelle loro predizioni e consultano regolarmente astrologi, tarocchi o numerologi, è importante ricordare che tali pratiche non sono basate su prove empiriche solide.

**Pronostici per la Lotteria e le Trappole dell'Aspettativa**

Una delle applicazioni più discusse della numerologia moderna riguarda i pronostici per la lotteria. Molti individui cercano numeri fortunati basati su date importanti nella loro vita o su calcoli numerologici complessi nella speranza di vincere il jackpot. Questa pratica, tuttavia, è spesso basata su illusioni statistiche.

La lotteria è un gioco di pura probabilità in cui i numeri

vengono estratti casualmente, e i risultati passati non influenzano in alcun modo i futuri. Quindi, anche se un numero o una sequenza di numeri ha una connessione emotiva o significativa per un individuo, ciò non aumenta le probabilità di vincita. È un esempio di come la numerologia possa ingannare le persone, facendo loro credere che esista un modo per prevedere o influenzare i risultati casuali.

**Previsioni Scientifiche vs. Nostradamus**

Mentre gran parte della numerologia è associata a pratiche pseudoscientifiche, vi è una branca che cerca di applicare metodi numerici all'analisi scientifica. Ad esempio, alcuni ricercatori utilizzano analisi statistiche basate su numeri per cercare di prevedere eventi futuri o tendenze sociali. Tuttavia, tali approcci spesso sono soggetti a critiche e scetticismo.

D'altra parte, la storia conosce alcune figure, come il famoso Nostradamus, che hanno cercato di predire eventi futuri utilizzando metodi mistici e numerologici. Le profezie di Nostradamus sono state interpretate in molti modi diversi, e molte delle sue previsioni sono state considerate vaghe e aperte a interpretazioni multiple. La credenza nelle profezie di Nostradamus è spesso basata sull'interpretazione retrospettiva dei suoi scritti, il che significa che le persone vedono coincidenze tra le sue parole e gli eventi successivi.

Tuttavia, è importante notare che le previsioni scientifiche basate su metodi numerici rigorosi sono una pratica legittima all'interno della comunità scientifica, sebbene siano spesso soggette a incertezza e revisione continua. Queste previsioni sono basate su dati empirici e modelli matematici complessi e sono molto diverse dalle previsioni mistico-numerologiche.

## L'Oroscopo e le Pratiche Astrologiche

L'astrologia è una delle forme più comuni di numerologia nella società moderna. Gli oroscopi, basati sulla posizione dei pianeti nel momento della nascita di una persona, sono letti da milioni di persone in tutto il mondo ogni giorno. Tuttavia, l'astrologia è stata ampiamente criticata per la mancanza di fondamento scientifico.

Gli astrologi sostengono che la posizione dei pianeti influenzi la personalità e il destino delle persone. Tuttavia, non esiste alcuna prova scientifica che supporti questa affermazione. Gli astrologi affermano che l'astrologia non è basata su fenomeni fisici ma su forze misteriose e invisibili, il che rende difficile o impossibile testarla in modo empirico.

In conclusione, la numerologia è un campo complesso e controverso che abbraccia una vasta gamma di pratiche e credenze. Dalla divinazione ai pronostici per la lotteria, dalle previsioni scientifiche alle profezie di Nostradamus, dalla pratica dell'astrologia all'uso della numerologia da parte di cartomanti e fattucchiere, la numerologia ha una presenza significativa nella nostra cultura contemporanea. Tuttavia, è importante mantenere un atteggiamento critico nei confronti di queste pratiche e riconoscere la differenza tra numerologia basata su prove scientifiche e numerologia basata su credenze pseudoscientifiche o mistico-esoteriche. La comprensione dei limiti e delle potenzialità della numerologia può aiutarci a navigare meglio in un mondo in cui il numero gioca un ruolo sempre più prominente nella nostra vita quotidiana.

Mentre rifletto su tutto quello che abbiamo esplorato in questo capitolo riguardo alla numerologia nel mondo moderno, mi rendo conto di quanto sia affascinante e complessa questa interazione tra numeri e società. Dallo scetticismo verso le pratiche divinatorie alla ricerca scientifica basata su metodi numerici rigorosi, il mondo dei numeri è intriso di credenze, aspettative e, talvolta, illusioni. Eppure, non posso fare a meno di notare quanto il concetto di "trinità dei numeri" si rifletta in tutte queste manifestazioni.

La trinità dei numeri, come presentata nel libro, si basa sui numeri 3, 6 e 9, che Nikola Tesla considerava fondamentali per comprendere l'armonia universale. Questi numeri, nella loro apparente semplicità, aprono le porte a un mondo di significati complessi e profondi, tanto nelle teorie mistico-filosofiche quanto nelle applicazioni scientifiche.

Nel mondo delle divinazioni e delle previsioni, ad esempio, il numero 3 è spesso associato alla fortuna e all'equilibrio. Le persone cercano il numero 3 nelle loro vite, sperando che porti prosperità e successo. Il 6 è spesso visto come un numero di equilibrio tra opposti, un numero che rappresenta l'armonia e l'equità. Il 9, infine, è associato a completamenti e trasformazioni, come se rappresentasse la fine di un ciclo e l'inizio di uno nuovo.

Tuttavia, è importante notare che la numerologia nei contesti divinatori spesso manca di basi scientifiche solide. Mentre le persone possono trovare conforto e ispirazione in queste credenze, è essenziale mantenere un atteggiamento critico e non confondere la numerologia con una scienza rigorosa.

Dall'altro lato, nell'ambito scientifico, i numeri sono utilizzati come strumenti di analisi e previsione. Ma anche qui, la trinità dei numeri si fa presente. Il 3, il 6 e il 9 emergono nei modelli matematici che cercano di spiegare i fenomeni naturali complessi, rivelando un ordine e una simmetria nascosti nella realtà.

In questo contesto, la numerologia si trasforma da pratica pseudoscientifica in uno strumento legittimo di indagine. Tuttavia, anche qui, è importante ricordare che la numerologia scientifica è soggetta a revisioni e aggiornamenti costanti. La scienza è un processo in evoluzione, e i numeri sono solo una parte di essa.

In definitiva, la trinità dei numeri si manifesta in modi diversi in tutto il nostro mondo, sia nelle credenze culturali che nelle ricerche scientifiche. Mentre continuiamo a esplorare il potere e la complessità dei numeri, dobbiamo essere aperti all'apprendimento e alla scoperta, cercando un equilibrio tra la meraviglia e il rigore, tra la ricerca della verità e l'apprezzamento delle sfumature che i numeri possono offrire.

# Capitolo 10: Il Lato Oscuro dei Numeri - Tra Esoterismo e Magia Nera

Nel vasto e intricato mondo della numerologia, vi è una sottile linea che separa la ricerca spirituale e la conoscenza profonda dai reami oscuri della superstizione e della magia nera. Come una doppia elica di DNA che si snoda attraverso la storia umana, i numeri hanno alimentato le fiamme della passione e della curiosità, ma hanno anche gettato ombre spaventose che ancora oggi affascinano e spaventano.

Questo capitolo ci guiderà attraverso il labirinto dell'esoterismo numerico, rivelando come la trinità dei numeri - 3, 6 e 9 - si intrecci con credenze e pratiche che variano dall'occultismo all'astrologia, dall'interpretazione dei sogni alla magia nera. Preparatevi a esplorare territori inesplorati e a confrontarvi con gli aspetti più oscuri e misteriosi della numerologia.

## L'Occultismo Numerico e la Caccia all'Armonia Universale

L'occultismo numerico è una tradizione antica che crede che i numeri siano la chiave per svelare i segreti dell'universo e accedere a una comprensione più profonda della realtà. Questa tradizione è spesso associata a figure misteriose e a riti segreti, dove la trinità dei numeri gioca un ruolo centrale.

Nel cuore dell'occultismo numerico si trova la ricerca dell'armonia universale, un concetto affine a quello sostenuto da Nikola Tesla. Qui, il 3 rappresenta l'unità divina, il 6 simboleggia l'equilibrio tra forze opposte, e il 9 è il numero della trasformazione e della spiritualità. Questi numeri sono spesso usati per creare sigilli, cerchi magici e incantesimi destinati a rivelare verità nascoste e a influenzare la realtà stessa.

La numerologia occulta si trova all'incrocio tra matematica, filosofia e misticismo. In questa visione, i numeri non sono solo simboli astratti ma entità vive, cariche di energia e potere. Tuttavia, questa credenza nell'energia dei numeri è spesso accompagnata da una mancanza di rigore scientifico, portando molte persone a considerare l'occultismo numerico una pseudoscienza.

Un esempio noto di questa tradizione è la Cabala, un sistema di interpretazione numerica associato alla tradizione ebraica. Nella Cabala, ogni lettera ebraica ha un valore numerico, e l'analisi numerica dei testi sacri è utilizzata per svelare significati nascosti. Anche qui, la trinità dei numeri emerge come una costante, rivelando un desiderio umano profondo di trovare un ordine e una connessione nell'apparente caos del mondo.

## Astrologia Numerica - La Danza delle Stelle e dei

## Numeri

L'astrologia numerica è un'altra forma di esoterismo numerico che combina l'influenza delle stelle con la potenza dei numeri. In questa disciplina, la data di nascita di una persona è associata a numeri specifici che riflettono le influenze astrali sulla sua personalità e il suo destino.

La trinità dei numeri è presente anche qui, con il 3 che simboleggia la creatività e l'espressione personale, il 6 che rappresenta l'equilibrio tra luce e ombra, e il 9 che indica la spiritualità e l'evoluzione.

Tuttavia, l'astrologia numerica è spesso oggetto di controversie e scetticismo. Molti scienziati considerano l'astrologia nel suo complesso come pseudoscienza, e l'aggiunta dei numeri all'equazione rende la pratica ancora più controversa. Tuttavia, milioni di persone in tutto il mondo continuano a cercare significati e orientamenti nelle stelle e nei numeri.

## I Numeri nei Sogni - Interpretazioni e Significati Nascosti

I sogni hanno affascinato l'umanità fin dai tempi più antichi. Sono finestre aperte su mondi misteriosi, riflessi della nostra psiche e della nostra anima. E, naturalmente, spesso contengono numeri che possono sembrare casuali ma che, secondo molte tradizioni, portano significati profondi.

## La Numerologia dei Sogni

La numerologia dei sogni è una disciplina antica e diffusa in molte culture del mondo. Si basa sull'idea che i numeri nei sogni siano messaggi o simboli che portano significati specifici. Ogni numero è associato a un'energia o a una qualità particolare e può offrire insight sulla situazione o sulle sfide della vita reale.

La trinità dei numeri - 3, 6 e 9 - svolge spesso un ruolo significativo nei sogni. Ecco alcune interpretazioni comuni:

- **Il Numero 3**: Questo numero è spesso associato alla creatività, all'espressione personale e all'equilibrio tra mente, corpo e spirito. Nel contesto dei sogni, il numero 3 potrebbe suggerire che il sognatore sta cercando un equilibrio o un'armonia nelle diverse sfere della sua vita. Potrebbe anche indicare un periodo di creatività o di espressione personale.
- **Il Numero 6**: Il 6 rappresenta l'equilibrio tra opposti, la responsabilità e l'armonia familiare. Nei sogni, il numero 6 potrebbe riflettere una situazione in cui il sognatore deve affrontare una decisione difficile o un conflitto interiore. Può anche suggerire la necessità di stabilire un equilibrio tra le diverse richieste della vita.
- **Il Numero 9**: Il 9 è spesso visto come un numero di completamento e di trasformazione. Nei sogni, può indicare che il sognatore sta attraversando un periodo di transizione o di crescita spirituale. Potrebbe anche rappresentare la necessità di concludere una fase della vita per poter abbracciare nuove opportunità.

**Esempi di Interpretazione dei Sogni con Numeri**

Per comprendere meglio l'interpretazione dei numeri nei sogni, ecco alcuni esempi:

1. **Sognare il Numero 3**: Immagina di sognare il numero 3 in una situazione in cui ti senti particolarmente creativo e ispirato. Potrebbe essere un segno che è il momento di esplorare la tua creatività e di dedicare più tempo alle attività

artistiche o ai passatempi che ami.

2. **Sognare il Numero 6**: Se sogni il numero 6 in un contesto in cui ti senti stressato o in conflitto con qualcuno, potrebbe essere un richiamo a cercare l'equilibrio nelle tue relazioni e a gestire meglio le tue responsabilità.

3. **Sognare il Numero 9**: Se sogni il numero 9 quando stai affrontando un cambiamento significativo nella tua vita, potrebbe essere un segnale che stai facendo progressi verso la tua crescita personale. Potrebbe anche suggerire che è il momento di lasciar andare il passato e di abbracciare il futuro.

## Interpretazioni Culturali

Va notato che le interpretazioni dei numeri nei sogni possono variare notevolmente da cultura a cultura. Ad esempio, in alcune culture asiatiche, il numero 8 è considerato molto fortunato, mentre in alcune culture occidentali, il numero 13 è visto come sfortunato.

Per ottenere un'interpretazione accurata dei numeri nei tuoi sogni, potrebbe essere utile esplorare le credenze e le tradizioni numerologiche della tua cultura di riferimento o consultare un esperto di interpretazione dei sogni.

## Critiche e Scetticismo

Come in molti aspetti dell'occultismo e della numerologia, c'è un grado significativo di scetticismo nei confronti dell'interpretazione dei numeri nei sogni. Gli scettici sostengono che le interpretazioni numerologiche dei sogni siano basate su credenze non scientifiche e che spesso siano così vaghe da poter essere adattate a qualsiasi situazione.

Tuttavia, per molti, l'interpretazione dei numeri nei sogni rappresenta un modo affascinante di esplorare il proprio mondo interiore e di ottenere una maggiore comprensione di sé stessi e della propria vita. Sebbene possa non essere una scienza esatta, offre un'opportunità di riflessione e introspezione che molti trovano preziosa.

In conclusione, i numeri nei sogni sono un tema ricco di significati e interpretazioni potenziali. Sebbene le interpretazioni numerologiche possano variare, possono offrire una prospettiva unica sulla nostra vita e sulle sfide che affrontiamo. Che tu sia un credente nell'occultismo o uno scettico, i numeri nei sogni continuano a ispirare fascino e curiosità in tutto il mondo.

## Magia Nera e Numeri - Il Lato Oscuro dell'Esoterismo

L'occultismo e l'esoterismo hanno da sempre avuto una parte oscura, rappresentata dalla magia nera. Questa forma di magia è spesso associata a rituali sinistri, a pratiche controverse e a credenze che sfidano la morale comune. I numeri, nella loro trinità e oltre, hanno sempre giocato un ruolo significativo nel contesto della magia nera.

### I Numeri nella Magia Nera

I numeri hanno una presenza importante nella magia nera, che si basa su credenze e pratiche che sono in contrasto con la spiritualità e la moralità. Nei rituali magici neri, i numeri possono essere usati in vari modi:

1. **Numerologia Oscura**: Nella numerologia oscura, i numeri vengono interpretati in modo diverso rispetto alla numerologia tradizionale. Alcuni numeri possono essere considerati "fortunati" per il praticante della magia nera, mentre altri sono associati a maledizioni o a incantesimi dannosi.

2. **Sequenze Numeriche Oscure**: Le sequenze numeriche, in particolare quelle considerate

"mistiche", possono essere parte integrante dei rituali magici neri. Ad esempio, la sequenza 666, spesso associata al male, può essere utilizzata in riti che mirano a evocare forze oscure.

3. **Rituale del Numero 9**: Il numero 9, con la sua connessione alla trinità, può essere usato in riti di magia nera per evocare poteri mistici o per creare incantesimi complessi.

## Pratiche e Credenze Oscure

Oltre all'uso dei numeri, la magia nera coinvolge spesso pratiche oscure e credenze controverse:

1. **Evocazione di Forze Oscure**: I praticanti della magia nera possono cercare di evocare entità o forze oscure per ottenere potere, ricchezza o vendetta. Queste evocazioni possono coinvolgere l'uso di numeri specifici o sequenze numeriche.

2. **Incantesimi di Danneggiamento**: La magia nera è spesso associata a incantesimi e rituali mirati a infliggere danni fisici o emotivi a persone o a gruppi. I numeri possono essere utilizzati per potenziare questi incantesimi, secondo le credenze dei praticanti.

3. **Necromanzia**: La magia nera può coinvolgere la comunicazione con i morti o l'uso di resti umani o animali in rituali. I numeri possono essere utilizzati per determinare i momenti propizi per tali pratiche.

## Critiche e Controversie

La magia nera è ampiamente criticata e condannata dalla maggior parte delle culture e delle religioni del mondo. È vista come una pratica immorale che va contro principi fondamentali come il rispetto per la vita e la dignità umana. Molti ritengono che l'uso dei numeri nella magia nera sia un esempio di come la numerologia possa essere distorta e utilizzata in modo dannoso.

Tuttavia, va notato che non tutti coloro che praticano la numerologia o esplorano gli aspetti esoterici sono coinvolti nella magia nera. La maggior parte delle persone che si dedicano a queste discipline lo fa per scopi di introspezione, auto-miglioramento e spiritualità personale, e non per danneggiare gli altri.

I numeri, incluso il potente trio 3, 6 e 9, svolgono un ruolo significativo nella magia nera, una forma di esoterismo oscura e controversa. Questa pratica utilizza la numerologia in modo distorto per scopi spesso immorali e dannosi. Tuttavia, va sottolineato che la magia nera rappresenta solo una piccola parte dell'ampio mondo dell'occultismo e dell'esoterismo, e la maggior parte delle persone coinvolte in queste discipline lo fa con intenti spirituali e di crescita personale, piuttosto che per scopi malvagi. La presenza dei numeri nell'esoterismo ci ricorda che anche nelle sfere più oscure della conoscenza umana, esistono connessioni con il mondo matematico che ci circonda.

## Le Diverse Facce della Numerologia - Tra Fede e Scetticismo

In conclusione, l'esoterismo numerico è un mondo complesso e diversificato, in cui la trinità dei numeri gioca un ruolo centrale. Dall'occultismo all'astrologia, dall'interpretazione dei sogni alla magia nera, i numeri sono intrecciati nella trama stessa delle credenze umane.

Mentre alcuni cercano la verità e la saggezza attraverso queste pratiche, altri rimangono scettici, vedendo nell'esoterismo numerico una forma di illusione o persino di manipolazione. Alla fine, la percezione dei numeri come strumenti di potere e significato dipende dalla prospettiva personale e dalla fede individuale.

# Capitolo 11: Riflessioni dell'Autore

Mentre mi immergo nelle profondità della numerologia e nella sua connessione con il mondo mistico, non posso fare a meno di contemplare l'infinita complessità dell'universo. È come se i numeri fossero le chiavi che ci permettono di sbloccare i segreti più profondi della realtà che ci circonda. In questo capitolo finale, voglio condividere alcune delle mie riflessioni personali sull'argomento, mettendo insieme tutto ciò che abbiamo esplorato finora.

**I Numeri come Portali Mistici**

I numeri, come abbiamo visto, hanno svolto un ruolo cruciale in molte tradizioni spirituali. Sono stati considerati come portali mistici attraverso i quali è possibile accedere a dimensioni più elevate di consapevolezza. Ma cosa rende i numeri così speciali da questo punto di vista?

Penso che gran parte della risposta risieda nella loro

natura intrinseca. I numeri sono astratti e universali allo stesso tempo. Possono essere considerati come entità matematiche fredde e oggettive, ma allo stesso tempo sono intrisi di significato e simbolismo. Questa dualità li rende strumenti potenti per esplorare la realtà da molteplici prospettive.

## La Trinità dei Numeri e la Natura

Uno dei concetti che più mi ha affascinato è la "Trinità dei Numeri" che abbiamo esaminato in precedenza. Il fatto che i numeri possano essere suddivisi in tre categorie fondamentali - numeri interi, numeri razionali e numeri irrazionali - mi fa riflettere sulla struttura stessa dell'universo.

Nella natura, vediamo spesso la ripetizione di pattern e strutture che richiamano questa trinità. Ad esempio, considerate la struttura di un albero. Le radici che si ancorano al terreno possono essere associate ai numeri interi, solide e ben radicate. Il tronco e i rami principali, che seguono un percorso ordinato e prevedibile, possono rappresentare i numeri razionali. Ma poi arriviamo alle foglie, che si espandono in direzioni apparentemente caotiche e seguono una geometria complessa, simile ai numeri irrazionali.

Questa analogia può essere applicata a molti aspetti della natura, dalle formazioni delle nuvole alle fratture nelle rocce. La Trinità dei Numeri sembra essere una sorta di chiave per comprendere come la matematica sia intrinsecamente intrecciata con la tessitura stessa dell'universo.

## L'Enigma dei Numeri Primi

Un altro aspetto affascinante della numerologia è l'enigma dei numeri primi. Questi sono numeri interi che possono essere divisi solo per sé stessi e per uno. Sono come le pietre miliari della matematica, eppure la loro distribuzione all'interno della sequenza dei numeri è enigmatica e apparentemente casuale.

Mi piace pensare ai numeri primi come agli "illuminati" della matematica. Sono soli, indipendenti, eppure fanno parte di un ordine più grande. La loro distribuzione irregolare è come una danza misteriosa che sfida la nostra comprensione. Eppure, sono alla base di molti aspetti della crittografia moderna e della sicurezza informatica, dimostrando ancora una volta come la matematica, anche nella sua forma più enigmatica, abbia un impatto diretto sulla nostra vita quotidiana.

## La Tecnologia e il Potere dei Numeri

Nella nostra epoca digitale, la potenza dei numeri è esplosa in modi che nessuno avrebbe potuto immaginare. I computer e gli algoritmi si basano interamente sulla manipolazione dei numeri. Ma cosa rende i numeri così adatti a rappresentare e modellare la realtà?

Una risposta è che i numeri sono invariabili. Non importa in quale parte del mondo ti trovi o quale lingua parli, il numero "1" avrà sempre lo stesso significato. Questa universalità li rende un linguaggio comune per la scienza e la tecnologia. I numeri ci consentono di comunicare e condividere conoscenze su scala globale.

Inoltre, i numeri sono estremamente precisi. Possono rappresentare quantità con una precisione infinita. Questa precisione è fondamentale in campi come la fisica teorica, dove le teorie devono essere formulate con estrema accuratezza per descrivere fenomeni naturali complessi.

## I Numeri come Portali per l'Infinito

Infine, i numeri sono anche la nostra finestra sull'infinito. La sequenza dei numeri interi si estende all'infinito in entrambe le direzioni. Anche se possiamo scrivere numeri molto grandi, non c'è un numero finale. Questo concetto di infinito, così intimo alla matematica, è stato oggetto di speculazione filosofica e spirituale per secoli.

L'idea che ci siano realtà o dimensioni oltre il nostro mondo fisico è una delle domande più antiche dell'umanità. In molte tradizioni spirituali, l'infinito è associato a dimensioni superiori di consapevolezza o addirittura all'eternità stessa. I numeri, con la loro rappresentazione dell'infinito, ci sfidano a considerare la possibilità di realtà che sfuggono alla nostra comprensione razionale.

## Conclusioni

In questo viaggio attraverso il mondo dei numeri e della spiritualità, abbiamo toccato solo la superficie di un vasto e profondo universo di conoscenza. I numeri ci parlano di ordine e caos, precisione e mistero, scienza e spiritualità. Ci invitano a esplorare la realtà da molteplici prospettive e a mantenere sempre aperte le porte della nostra curiosità.

Mi piace pensare a questo viaggio come a un'avventura continua. Ogni numero è un nuovo capitolo da scoprire, un nuovo enigma da risolvere. E mentre continuiamo a esplorare il mondo dei numeri, ricordiamoci che, alla fine, siamo noi stessi parte di questa straordinaria danza matematica dell'universo.

Che tu sia un appassionato di matematica, uno studioso di spiritualità o semplicemente un curioso esploratore della conoscenza umana, spero che questo viaggio ti abbia ispirato a guardare i numeri con occhi diversi, a vedere oltre le cifre e a cogliere il profondo significato che essi portano con sé.

E così, con un senso di meraviglia e gratitudine per il potere dei numeri, concludo questa esplorazione. Ma ricorda, le porte del mondo dei numeri non si chiudono mai completamente. Sono sempre aperte, pronte ad accoglierci quando siamo pronti per un'altra avventura.

Il richiamo dei numeri ha sempre esercitato un potente fascino sulla mia mente, sin da quando ero un bambino. Posso ancora chiaramente ricordare le lunghe ore passate a scrutare il mondo circostante, a contare gli oggetti, a cercare schemi e simmetrie nascoste sotto la superficie delle cose e a scoprire le proprietà matematiche che tali oggetti potevano celare. Quella passione per i numeri, iniziata nei giorni dell'infanzia, è cresciuta ed è maturata con me, trasformandosi in un vero e proprio viaggio attraverso il potente e affascinante mondo della matematica e della scienza.

Ma per me, i numeri sono molto più di freddi strumenti di studio o di astratte entità matematiche. Essi rappresentano un elemento centrale della mia esistenza e della mia visione del mondo. Li considero un linguaggio universale che collega ogni cosa nell'universo, un ponte che ci permette di attraversare il fiume della comprensione verso la terra dell'armonia e della bellezza.

La mia passione, alimentata da anni di studio e contemplazione, mi ha portato a sviluppare una visione profonda dei numeri come elementi fondamentali della natura stessa. Osservando attentamente il mondo che ci circonda, posso scorgere chiaramente l'impronta dei numeri ovunque, dal misterioso volgere delle conchiglie marine, che segue la forma di una spirale matematica, alle intricante ramificazioni dei fiumi, che seguono un preciso schema frattale. Persino le fratture delle rocce e le forme delle nuvole sembrano sussurrare i segreti matematici dell'universo.

È in questo connubio tra scienza e spiritualità che trovo un terreno fertile per le mie riflessioni. La mia passione per la teoria del caos e la geometria frattale mi ha fatto comprendere che i numeri non sono semplicemente astrazioni teoriche, bensì la stessa essenza della realtà che ci circonda. Questo concetto mi trasporta in una dimensione dove la matematica non è solo uno strumento per comprendere il mondo, ma una via per percepire l'universo nella sua forma più pura ed essenziale.

Una delle esperienze più affascinanti legate ai numeri è stata la scoperta del loro potere nella meditazione e nella contemplazione. Moltissime tradizioni spirituali, dall'antico buddismo all'induismo e al misticismo sufista, fanno uso dei numeri come veicoli per rappresentare concetti filosofici e mistici, come l'unità, la dualità, l'armonia e la trascendenza.

Personalmente, ho trovato nei numeri un potente alleato per calmare la mente, per concentrarmi nel momento presente e per sperimentare una connessione profonda con il mondo che mi circonda. La pratica del conteggio delle respirazioni, ad esempio, si è rivelata un modo efficace per migliorare la consapevolezza e la concentrazione. L'utilizzo di numeri sacri come il 108, profondamente radicato nelle tradizioni buddiste e induiste, ha dimostrato di poter canalizzare l'attenzione e aprire le porte alla pace interiore.

Ma la mia visione dei numeri non si ferma alla sfera della spiritualità. Credo che essi siano anche uno strumento potentissimo per esplorare il nostro mondo interiore, come se fossero chiavi per accedere a stanze segrete della nostra psiche. Il lavoro pionieristico di Carl Jung, uno dei grandi pensatori del XX secolo, ha evidenziato l'importanza dei numeri nei sogni e nella psicologia dell'inconscio. Jung ha dimostrato come i numeri possano essere usati come simboli per rappresentare archetipi universali e concetti psicologici, svelando un mondo di significati nascosti dietro ogni cifra.

Per me, i numeri sono quindi molto di più di semplici strumenti matematici. Sono il tessuto connettivo dell'universo, il filo d'oro che intreccia ogni cosa, dalla spirale di una galassia lontana alle profondità dell'anima umana. Sono presenti nella mia vita quotidiana, guidandomi nei gesti più semplici come fare la spesa o pianificare il mio tempo. Ma la mia visione dei numeri è intrisa di meraviglia e rispetto per la loro bellezza intrinseca e per la loro capacità di rivelare i segreti dell'universo.

Non riesco a pensare a un altro linguaggio che possa superare le barriere culturali e linguistiche in modo così universale. I numeri sono un alfabeto condiviso da scienziati, filosofi, artisti e mistici di tutto il mondo. Possono comunicare concetti e idee in modo oggettivo e preciso, senza la necessità di tradurre o interpretare, e questa loro caratteristica li rende veramente un linguaggio universale.

In conclusione, i numeri sono una parte fondamentale della mia vita e della mia visione del mondo. Sono una sorgente inesauribile di bellezza, conoscenza e scoperta, e la loro importanza e il loro impatto sulla cultura umana continueranno a crescere nei prossimi decenni e secoli. Non sono solo cifre su un foglio di carta, ma la chiave per comprendere il mondo che ci circonda e per esplorare le profondità dell'universo e della mente umana.

Mentre concludo questo capitolo delle mie riflessioni personali, spero che le porte del mondo dei numeri si siano spalancate anche per voi, cari lettori. Che vi possiate avventurare sempre più in profondità in questo affascinante regno, scoprendo la bellezza e la complessità nascoste dietro ogni cifra, e che possiate trovare ispirazione nell'infinita meraviglia dei numeri. La strada è aperta, e l'avventura continua.

Grazie per essere stato/a al mio fianco in questo viaggio. Che la tua strada sia illuminata da numeri misteriosi e ispiratori, e che tu possa continuare a scoprire la bellezza nascosta dietro ogni cifra. Buon viaggio!

Fine

# INFORMAZIONI SULL'AUTORE

*Francesco Baldi, originario di Firenze, è un professionista eclettico con una grande passione per le tecnologie l'arte e la scrittura. Oltre alla sua posizione attuale come tecnico informatico, web designer, esperto SEO, marketing web, Francesco dimostra una creatività straordinaria come Content Creator e una conoscenza approfondita delle ultime tecnologie, sviluppando progetti innovativi e originali che lo hanno reso un punto di riferimento nel suo campo.*

*Ma la sua versatilità non si limita solo al mondo dell'informatica: Francesco coltiva anche una grande passione per la scrittura scientifica, i racconti e i romanzi, dimostrando una notevole abilità nell'arte della narrazione. La profonda dedizione e la passione che mette in entrambe le discipline si riflettono nei risultati straordinari raggiunti nel lavoro e nelle sue creazioni letterarie, artistiche e nel design.*

*La sua capacità di combinare queste due passioni gli ha permesso di esplorare nuovi orizzonti di conoscenza e di creare opere originali e coinvolgenti, che fanno emergere il meglio delle sue capacità creative e tecniche. Con la sua curiosità intellettuale e la determinazione costante a migliorarsi, Francesco continua ad ispirare ed essere ispirato continuamente.*

www.ingramcontent.com/pod-product-compliance
Lightning Source LLC
Chambersburg PA
CBHW070316240526
45467CB00045B/421